新一代信息技术系列教材

5G无线网络规划与优化

主　编　罗　晖　梅　艳　刘铭皓

副主编　张俊豪　黄天明　张青苗

U0277505

西安电子科技大学出版社

内 容 简 介

本书主要介绍了 5G 网络概况、5G 关键技术、5G 网络基本业务流程、5G 行业应用、5G 无线网络规划与 5G 无线网络优化等方面的内容,涵盖 5G 网络架构、部署情况、接口协议、关键技术、基本业务流程、5G 在垂直行业的应用与发展趋势、5G 网络覆盖与容量维度的站点估算、小区参数设计、5G 无线网络的规划和优化方法以及 5G 无线网络常见问题的分析和解决思路等知识。

本书适合作为高等院校通信专业移动通信相关课程的教材,也可供相关工程技术人员参考学习。

图书在版编目(CIP)数据

5G 无线网络规划与优化 / 罗晖,梅艳,刘铭晧主编. --西安:西安电子科技大学出版社,2024.1
(2024.7 重印)
ISBN 978 – 7 – 5606 – 7143 – 7

Ⅰ. ①5… Ⅱ. ①罗… ②梅… ③刘… Ⅲ. ①第五代移动通信系统—无线电通信—移动网—高等学校—教材 Ⅳ. ①TN929.538

中国国家版本馆 CIP 数据核字(2024)第 005158 号

策　　划　高　樱
责任编辑　高　樱
出版发行　西安电子科技大学出版社(西安市太白南路 2 号)
电　　话　(029)88202421　88201467　　邮　　编　710071
网　　址　www.xduph.com　　　　　电子邮箱　xdupfxb001@163.com
经　　销　新华书店
印刷单位　陕西天意印务有限责任公司
版　　次　2024 年 1 月第 1 版　2024 年 7 月第 2 次印刷
开　　本　787 毫米×1092 毫米　1/16　印张　13
字　　数　304 千字
定　　价　40.00 元
ISBN 978 – 7 – 5606 – 7143 – 7
XDUP 7445001-2

＊＊＊ 如有印装问题可调换 ＊＊＊

前　言

移动通信技术的发展正在改变社会，并且已成为现代生活中不可或缺的一部分。目前，我国在移动通信领域实现了 5G 技术的领跑，5G 核心专利数居世界第一，并率先实现了 5G 商用。

5G 技术通过用全新的核心网架构与先进的底层技术，开发了全新的工作频段，并应用网络切片等技术来提升网络质量。5G 网络具有低时延、高可靠、高速率和大连接的能力，能够赋能垂直行业，推动社会进步。

为贯彻落实《国务院办公厅关于深化产教融合的若干意见》中关于深入推动产教融合实践与探索的精神，我们通过校企合作的方式，让同行业相关的企业中有经验的人士深度参与本书的编写工作，力争编写一本高质量的 5G 产教融合教材，以提升教学质量，培养更贴近市场需求的人才。

本书既重视 5G 基础知识的讲解，又强调应用技能的培养。第 1 章介绍了 5G 网络的基础知识，从移动通信的发展历程引入 5G 概念，通过 5G 与 4G 的对比详述 5G 网络的网络架构、网络部署和 5G 空口的基础知识；第 2 章介绍了频谱效率提升、覆盖增强、时延降低、毫米波、网络切片和网络安全增强等关键技术；第 3 章详述了开机入网和移动性管理两个重要的基本流程；第 4 章详细探讨了 5G 的行业应用与发展趋势，介绍了 5G 在多个行业的应用案例以及 5G+新技术的融合创新应用，重点介绍了车联网相关技术及应用案例；第 5 章介绍了无线网络规划的基础知识，阐述从覆盖和容量两个维度的站点估算过程，并加入了多个企业的实操案例讲解；第 6 章介绍了无线网络优化的内容、步骤、KPI 指标以及最新的 5G 网络优化的真实案例。本书依托校企双元开发，内容丰富翔实，论述深入浅出，针对性强，对 5G 无线网络的规划、常见问题的优化思路和方法进行了重点介绍，并加入了大量实际案例的详细分析，在技术研究和工程实践上均有较高的参考价值。

本书作者罗晖、梅艳、张青苗是长期从事移动通信相关课程基础教学和研究的教师，刘铭皓、张俊豪、黄天明是具有丰富行业经验的企业工程师，其中罗晖负责本书大纲的编写和统稿，并完成第 1 章的编写，梅艳负责第 2 章和第 5 章的编写，刘铭皓和张俊豪负责第 3 章和第 4 章的编写，张青苗负责第 6 章的编写，黄天明负责规划、开发 5G 全网仿真软件的实践内容和全书的校正工作。在编写本书的过程中，我们得到了深圳市讯方技术股份有限公司和华东交通大学信息工程学院领导和老师的大力支持，参考了许多学者的著作，在此表示感谢。

本书还提供了电子教案、习题答案、仿真视频等配套的教学资源，需要的读者可登录西安电子科技大学出版社官网(www.xduph.com)搜索下载。

由于编者水平有限，书中可能还有不足之处，诚恳希望广大读者批评指正。编者电子邮箱：meiyan_nc@163.com。

编　者
2023 年 10 月于南昌

目　录

第1章 5G 网络概述

▌▶ 1.1 移动通信网络发展概述

现代通信起源于 1838 年莫尔斯发明的有线电报，有线电报将文字信息转变为电信号进行传播，使信息传输的效率大大提高。19 世纪中叶以后，科学家赫兹发现了电磁波，在此基础上又诞生了无线通信，这使得人类通信方式产生了巨大的变革，从无线电报到现代的移动通信，人们摆脱了线的束缚，通信更加便捷，并可以随时随地进行信息交互。从 20 世纪 80 年代出现个人移动电话至今，现代移动通信给社会经济和人们的生活带来了革命性的变化。当今，人们的学习、生活和工作已经与移动通信息息相关。

第一代移动通信技术(1G)是指最初的模拟、仅限语音的蜂窝电话技术，该技术诞生于 20 世纪 80 年代。1G 主要采用的是模拟技术和 FDMA(Frequency Division Multiple Access，频分多址)技术，由于受到传输带宽的限制，不能进行移动通信的长途漫游，只是一种区域性的移动通信系统。第一代移动通信有多种制式，我国主要采用的是 TACS(Total Access Communication System，全接入通信系统)。由于 1G 采用模拟信号传输，有很多不足之处，如容量有限、制式太多、互不兼容、保密性差、通话质量不高、不能提供数据业务和自动漫游等。

第二代移动通信技术(2G)以数字语音传输技术为核心，用户体验速率为 10 kb/s，峰值速率为 100 kb/s。2G 技术可分为两种：一种是基于 TDMA(Time Division Multiple Access，时分多址)技术发展而来的，以 GSM(Global System for Mobile Communications，全球移动通信系统)为代表，与 FDMA 相比，TDMA 通信质量更高，系统容量更大；另一种是 CDMA(Code Division Multiple Access，码分多址)技术，CDMA 起步晚于 GSM，在 2G 时代市场占有率不高。GSM 在全球范围内广泛部署，而 CDMA 技术的应用主要集中在美国和韩国。相较于模拟信号，数字通信抗干扰能力更强，保密性、安全性更好。尽管 2G 技术在发展中不断得到完善，但随着用户规模和网络规模的不断扩大，频率资源已接近枯竭，语音质量也不能使用户满意，数据通信速率太低，无法在真正意义上满足移动多媒体业务的需求。

第三代移动通信技术(3G)支持高速数据传输，能够同时传送语音及数据信息。3G 是将无线通信与国际互联网等多媒体通信结合的一代移动通信系统。ITU(International Telecommunication Union，国际电信联盟)称其为 IMT-2000，最高可提供 2 Mb/s 的数据传输速率。3G 使用较高的频带和 CDMA 技术传输数据，工作频段高，主要特征是速度快、效率高、信号稳定、成本低廉和安全性能好，和前两代的通信技术相比，3G 网络技术最明显的特征是全面支持更加多样化的多媒体技术。3G 主要技术标准有 3 种：欧洲的

WCDMA(Wideband Code Division Multiple Access，宽带码分多址)系统、美国的 CDMA2000 码分多址系统和中国的 TD-SCDMA(Time Division-Synchronous Code Division Multiple Access，时分同步码分多址)系统。

　　第四代移动通信技术(4G)是在 3G 通信技术的基础上经过不断优化升级和创新发展而来的，相较于 3G 通信技术，其优势是将 WLAN(Wireless Local Area Network，无线局域网)技术和 3G 通信技术进行了很好的结合，并引入了 OFDMA(Orthogonal Frequency Division Multiple Access，正交频分多址)和 MIMO(Multiple-Input Multiple-Output，多入多出)等关键技术，从而衍生出了一系列自身固有的特征，如频谱利用率较高、扁平化的网络架构、时延更低等。4G 网络信号的传输速度比 3G 的更快，传输的图像看起来更加清晰。在智能通信设备中应用 4G 通信技术让用户的上网速度更加迅速，速度可以高达 100 Mb/s。在 3G 时期，WCDMA、CDMA2000、TD-SCDMA 三大标准三分天下，使用的网络技术互不相通，4G 时期各标准统一发展为 LTE(Long Term Evolution，长期演进技术)，让人们进入移动互联网的时代，改变了人们的生活方式。4G 网络造就了繁荣的互联网经济，解决了人与人之间需要随时随地进行通信的问题。随着移动互联网的快速发展和新服务、新业务的不断涌现，移动数据业务流量呈急剧增长态势，4G 移动通信系统已难以满足人们对移动数据流量暴涨的需求，因此催生了第五代移动通信技术(5G)。

　　5G 具有软件化、云化、服务化等新特性，不再一味追求个人通信体验，通过与物联网、云计算、大数据等技术的深度融合，提供至少 10 倍于 4G 的峰值速率、毫秒级的传输时延和千亿级的连接能力，能满足多种场景的需求，将移动通信拓展到面向产业互联网。5G 通过全新的空口能力、服务化的网络架构、切片和边缘计算等技术，为垂直行业提供专属覆盖、网络定制、数据隔离和质量保证的基础连接网络，实现大带宽、低时延、安全可靠的数据传输，满足不同行业应用的通信服务需求。5G 将渗透到经济社会的各行业各领域，成为支撑经济社会数字化、网络化、智能化转型的关键新型通信网络。

　　移动通信延续着每经过 10 年就会出现新一代技术的发展规律，目前已历经了 1G、2G、3G、4G 的多个发展时代。每一次代际跃迁，每一次技术进步，都极大地促进了产业升级和经济社会的发展。1G 使移动通话成为可能，从 1G 到 2G，实现了模拟通信到数字通信的过渡，移动通信走进了千家万户，2G 引入了短信和 WAP(Wireless Application Protocol，无线应用协议)，3G 开始有了视频和互联网业务，4G 奠定了移动互联网的根基。从 2G 到 3G、4G，实现了语音业务到数据业务的转变，传输速率实现了成百倍的提升，促进了移动互联网应用的普及和繁荣。4G 改变生活，5G 改变社会，5G 将成为引领数字化转型的通用技术，开启万物广泛互联、人机深度交互的新时代，成为经济社会数字化转型的关键利器。关于 5G 的详细讨论将在后续展开。

▌▶ 1.2　5G 网络发展与展望

1.2.1　5G 与 4G 的对比

　　在 4G 的基础上，5G 拓展了超大带宽、超广连接、超低时延三大新型特性，如图 1-1

所示。在速率、时延、连接数方面，5G 相比 4G 均有数十倍的提升。不同于 4G 软硬一体的网络设备形态，5G 引入 NFV(Network Function Virtualization，网络功能虚拟化)和 SDN(Software Defined Network，软件定义网络)技术，能通过网络切片技术优化网络资源分配，满足多元 5G 新业务的需求。5G 网络具有软件化、云化、服务化等特性，这给 5G 带来了比肩互联网的灵活性，使得 5G 能更好地与其他信息技术融合，实现对各行业的赋能，能够做到"5G 改变社会"。

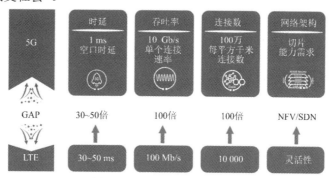

图 1-1　5G 与 4G 的参数对比

图 1-2 从运营、网络架构、空中接口和频谱四个方面对 5G 与 4G 进行了比较，通过比较可以发现 5G 并不是在 4G 基础上的简单改变。

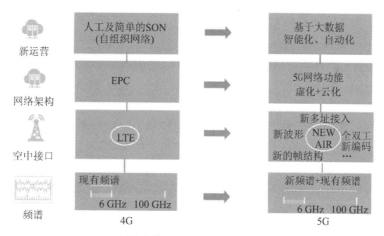

NEW AIR—新空中接口；EPC—演进的分组核心网。

图 1-2　5G 与 4G 的对比

在运营方面，LTE 采用 SON(Self-Organized Networks，自组织网络)实现无线网络的一些自主功能，减少人工参与，降低运营成本。SON 能够通过 ANR(Automatic Neighbour Relation，自动邻区关系)等功能实现网络自配置，通过 MLB(Mobility Load Balancing，移动负载均衡)等功能实现网络自优化，成为 4G 网络简化网络建设和运维工作的工具。而在 5G 时代，基于大数据的运营更加智能化，利用大数据平台能力，自动采集网络运行的告警及各类指标数据，进行数据分析，洞察网络运行状况，能帮助网络管理人员及时调整网络运行策略，降低网络运维成本，增强网络运行控制的自动化水平。在此基础上，通过引入人工智能技术来提升网络运行智能化控制水平，从而让 5G 与 4G 相比更具动态性，更加适合于软件控制和调整。

在网络架构方面，不同于 4G 的软硬件绑定的 EPC(Evolved Packet Core，演进的分组核心网)结构，5G 核心网依托于 CloudNative(云原生)核心思想，网络资源可切片，结合云化技术，能够实现网络的定制化、开放性以及服务化。与 4G 网络相比，5G 能够更好地服务于垂直行业。

5G 采用了全新的空中接口，引入了新波形、新多址接入技术、全双工方式等多种底层技术，使得无线侧的通信质量更高。

5G 将毫米波频谱纳入，相比 4G，其频带宽度扩充到了 100 GHz，比 4G 更加丰富的频谱资源以及更高的频谱利用率也使得 5G 在速率方面得到了大幅度的提升，可以适应更多业务的需求。

1.2.2　5G 的应用场景与性能指标

第五代移动通信技术(5th Generation Mobile Communication Technology，5G)是具有高速率、低时延和大连接等特点的新一代宽带移动通信技术。5G 之前的移动通信是一种以人为中心的通信，而 5G 是实现人、机、物互联的网络基础设施，将围绕人和周围的事物开启一个万物互联的时代。

根据 ITU 的愿景，5G 主要面向三大应用场景：eMBB(enhanced Mobile Broadband，增强型移动宽带)、uRLLC(ultra-Reliable Low-Latency Communication，高可靠低时延通信)和mMTC(massive MachineType Communication，大规模机器类通信)，如图 1-3 所示。其中 eMBB场景是指在现有的移动宽带业务场景基础上，对用户体验等性能做进一步提升后的一种高性能场景，集中表现为超高的传输数据速率、广覆盖下的移动性保证等，可达到 100 Mb/s的体验速率，峰值速率甚至可达 10 Gb/s，能够满足 4K 高清体验、偏远地区覆盖、VR/AR和热点区域覆盖等。eMBB 是 5G 最早实现商用的场景，也是最核心的应用场景。mMTC 场景目前比较可观的发展是 NB-IoT(Narrow Band Internet of Things，窄带物联网)。5G 低功耗、大连接和高可靠低时延等特点，可以在智慧城市、环境监测、智能农业、森林防火等以传感器和数据采集为目标的应用场景中发挥作用，能够达到每平方千米 100 万个终端连接，还能保证终端的超低功耗和超低成本。uRLLC 场景要求网络端到端的传输时延达到毫秒级，可靠性接近 100%，能够应用在包括工业应用和控制、无人驾驶、远程制造、远程培训、远程医疗等场景，其中在无人驾驶和远程医疗方面具有巨大的潜力。

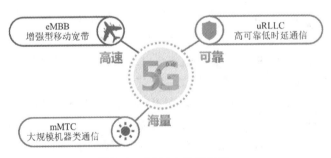

图 1-3　5G 三大应用场景

为满足 5G 多样化的应用场景需求，5G 的关键性能指标更加多元化。ITU 定义了 5G 八大关键性能指标，如图 1-4 所示。其中高速率、低时延、大连接成为 5G 最突出的特征，用户体验速率可达 1 Gb/s，时延可低至 1 ms，用户连接能力可达每平方千米 100 万个终端连接。

2018 年 6 月 3GPP(The 3rd Generation Partnership Project，第三代合作伙伴计划)发布了第一个 5G 标准 Release-15(此后简称 Rel-15)，支持 5G 独立组网，重点满足增强移动宽带业务。2020 年 6 月 Rel-16 版本标准发布，重点支持高可靠低时延业务，实现对 5G 车联网、工业互联网等应用的支持。Rel-17 版本标准将重点实现差异化物联网应用，实现中高速大连接，已于 2022 年 6 月宣布冻结，意味着 5G 第二个演进版本标准正式完成，也标志着 5G 技术演进第一阶段圆满结束。

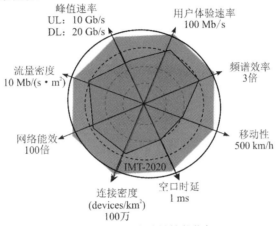

图 1-4　5G 八大关键性能指标

5G 全面提升包括峰值速率、移动性、时延、速率、连接密度和频谱效率等能力，作为一种新型移动通信网络，不仅实现了人与人通信，也为用户提供了增强现实、虚拟现实、超高清(3D)视频等更加身临其境的极致业务体验，还能够解决人与物、物与物的通信问题，满足了移动医疗、车联网、智能家居、工业控制、环境监测等物联网应用需求。最终，5G 将渗透到经济社会的各行业各领域，成为支撑经济社会数字化、网络化、智能化转型的关键新型基础设施。

1.2.3　5G 标准组织及标准进展

5G 的全球化推进离不开国际组织的支持，3GPP 和 GSMA(Global System for Mobile Communications Association，全球移动通信系统协会)就是和移动通信技术相关的两大国际组织。其中，3GPP 主要对 5G 标准进行制定，3GPP 组织中有 PCG(Project Coordination Group，项目协调组)与 TSG(Technical Specification Group，技术规范组)，PCG 负责 3GPP 管理方面的工作，TSG 负责其技术方面的工作。3GPP 制定的端到端系统技术主要由手机、无线接入网、核心网和服务四个系统组成，手机上网和接打电话都是通过这四个系统的协作而实现的。

经过全球产业界的共同努力，目前已形成了全球统一的 5G 标准，5G 标准的演进过程如图 1-5 所示。3GPP 制定的标准规范以 Release 作为版本进行管理，Rel-15 是 5G 的第一个标准版本，重点满足 eMBB 和 uRLLC 场景的应用需求。为了充分利用现有网络设备并降低网络部署成本，Rel-15 版本分为早期版本(非独立组网 NSA)、主要版本(独立组网 SA)和延迟版本。Rel-16 为 5G 的第二个标准版本，Rel-16 进一步满足了 mMTC 场景的需求，在 Rel-15 版本的基础上对业务速率、节电、低时延、高可靠等方面进行了完善及增强，可满足全部 5G 需求。Rel-17 版本在 Rel-16 版本的基础上，继续着力发展以 RedCap(Reduced

Capability，降低能力)为代表的中速或中低速物联网场景，促进5G与行业的进一步深度结合；此外，Rel-17版本还引入了高速增强、非地面网络通信、多播广播等场景特色化、业务外延化的新技术，进一步拓展了5G应用的想象空间。

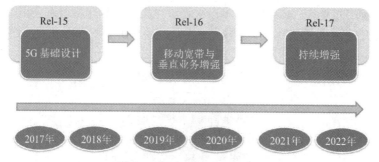

图1-5 5G标准的演进过程

除3GPP以外，另一大国际组织GSMA也参与了进来，主要负责5G的运营和推广。截至2023年9月，GSMA连接了全球移动网络系统中近800家运营商以及近250家企业，其中包括手机制造商、软件公司、设备供应商、互联网公司以及金融、医疗、交通和公共事业等行业组织。GSMA能够代表全球移动运营商的共同关注和权益，目标是统一移动生态系统，为运营商及其供应商创造新的商业机会和良好的商业环境。其主要业务是为它的成员提供行业服务和解决方案。

在全球化的大背景下，全球性的标准是该产业能否健康发展的关键因素，在移动通信的产业发展中，一直秉承标准先行，5G标准的演进方向大致分为以下三条主线：

(1) 传统移动宽带业务支持增强。具有代表性的增强技术主要包括大规模天线增强技术、终端节能技术、多载波连接及聚合增强技术、覆盖增强技术等。

(2) 向垂直行业拓展支持增强。在5G国际标准化之初，要实现万物互联的宏大愿景，非常重要的增强方向就是对各个垂直行业的支持。其中，已经开始标准化的重要方向包括5G工业物联网、5G车联网、5G卫星通信网络、5G免许可频段接入等。随着5G的广泛应用，更多垂直行业也将不断采用5G技术方案。

(3) 支持更高的频率。5G高频主要是毫米波频段，在设计之初，5G目标支持频率预计达到100 GHz，在5G Rel-15及Rel-16标准中，工作频率可以支持到50 GHz左右。未来，5G标准仍将继续向Rel-18演进，随着5G标准的更新，它将不断探索支持更高的频率，扩展现有波形及基础参数，采用全新的波形设计将是支持更高频率的主要手段之一，然而从实际商业发展考虑，对于支持50 GHz以上频率和实际应用场景等的需要并不是特别紧迫。

如今，移动通信业已完成了5G的第一个发展阶段，正在步入第二个发展阶段(5G-Advanced)，开启了新一轮的5G技术创新，积极开展5G演进首版本Rel-18的相关工作。2021年12月，以Rel-18为标准的首批项目已完成立项工作，这为5G的可持续发展指明了方向。

1.2.4 5G前景展望

"信息随心至，万物触手及"是5G为人类社会描绘的美好愿景。5G是一种新型移动网络，可满足多种多样的连接需求，不仅速度更快，而且容量更大、响应时间更短，不仅要解决人与人的通信，更要解决人与物、物与物的通信，极致体验如影随形，超可靠、超实时。图 1-6 呈现了 5G 的应用前景，5G 将赋能各行各业，以用户为中心构建全方位的信息生态系统，包括无人驾驶、VR/AR、智慧教育、智能交通、智能制造、智能穿戴、远程医疗、云端办公等。

图 1-6　5G 应用前景展望

　　5G 将为用户提供光纤般的接入速率、"零"时延的使用体验、海量设备的连接能力、超高流量密度、超高连接数密度和超高移动性等多种场景，最终实现万物互联的总体前景。5G 对社会的影响主要体现在以下几个方面：

　　(1) 经济方面。5G 真正的潜力是与垂直行业深度融合，带来一场从消费互联网到产业互联网的变革，让更多物联网设备、工业设备进入通信网络，加快各行各业数字化、网络化和智能化转型的发展步伐，打开巨大的发展空间，创造更大的经济价值。

　　(2) 社会方面。5G 将开启万物互联新时代，创造智慧社会新模式。一方面，5G 将进一步创新社会治理模式，被应用于电子政务、智慧城市和生态环境保护，提升城市照明、抄表、停车、公共安全与应急处置等领域的治理能力，实现治理过程、治理方式的智能化和数字化变革，助力国家治理体系和治理能力的现代化；另一方面，5G 将进一步增强公共服务能力，提供远程教育、远程医疗、智慧养老、智慧消防等公共事业新模式，提升公共服务效率和体验，促进优质资源共享。

　　(3) 科技方面。5G 将形成技术变革新动力，为企业带来无限创新空间。一方面，5G 会引领新一代信息通信技术的发展方向，直接促进移动通信技术的代际跃迁，间接带动了元器件、芯片、终端、软件等全产业链的整体创新；另一方面，5G 会广泛渗透到几乎所有领域，与人工智能、大数据、云计算、物联网等交叉融合，与制造、生物、新能源等技术交织并进，推动以绿色、智能、融合、泛在为特征的群体性技术变革。

　　(4) 商业方面。5G 的出现将带来商业模式新变革，催生一批新业态、新公司。从 1G 到 4G，代际跃迁背后是商业模式的变化，每个新的商业模式都会造就一批科技创新企业。例如，3G 时代出现了安卓、苹果 iOS 两大操作系统，4G 时代带火了移动支付、社交平台、短视频等业务。未来面向万物互联的 5G 市场，诸如自动驾驶、车联网、智慧城市、VR/AR、物联网等领域又将孕育一批新的企业。

1.3　5G 网络架构

5G 的简略网络架构如图 1-7 所示，5G 网络主要包括 5G 接入网和 5G 核心网，其中 NG-RAN(Next Generation Radio Access Network，下一代无线接入网)代表 5G 接入网，5GC(5G Core Network，5G 核心网)代表 5G 核心网。

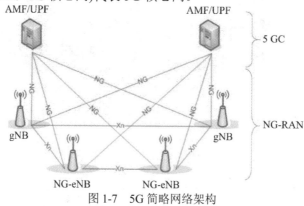

图 1-7　5G 简略网络架构

5G 接入网主要包含 gNodeB(the next Generation Node B，5G 基站)和 NG-eNodeB(Next Generation Evolved Node B，升级后的 4G 基站)两个节点。图 1-7 中 gNB 为 gNodeB 的简称，NG-eNB 为 NG-NodeB 的简称。gNodeB 为 5G 网络用户提供 NR(New Radio，新空口)的用户平面和控制平面协议、功能，NG-eNodeB 为 4G 网络用户提供 NR 的用户平面和控制平面的协议与功能，其中 gNodeB 与 gNodeB 之间及 gNodeB 与 NG-eNodeB 之间均为 Xn 接口。

5G 核心网 5GC 主要包括 AMF(Access and Mobility Management Function，接入和移动性管理功能实体)和 UPF(User Port Function，用户端口功能实体)两个网元。延续之前移动通信网络用户面与控制面分离的策略，AMF 主要负责控制面侧的访问和移动管理功能，UPF 用于支持用户平面功能，5GC 与 NG-RAN 之间的接口为开放接口 NG。

要实现 5G 高速率、低时延和连接密度大等高性能指标，就需要新的 5G 网络架构，如图 1-8 所示。5G 全网架构由新的无线接入网、核心网和承载网三部分构成。接入网引入了

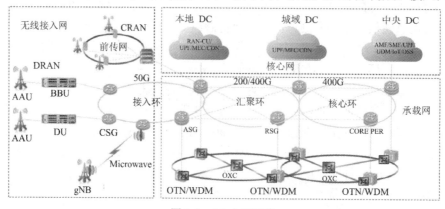

图 1-8　5G 全网架构

CU-DU(Centralized Unit-Distributed Unit，集中单元-分布单元)分离的新型架构，以实现无线资源的集中控制和协作；承载网引入 SDN 来助力端到端的灵活管控和智能运维。核心网则实现了革命性的变化，采用全新的 SBA(Service Based Architecture，基于服务的架构)，可以利用低成本、统一的基础设施，实现灵活的资源管理和功能部署，详细介绍在后续章节展开。

1.3.1　5G 接入网

5G 接入网的主要网元为 gNodeB，它主要通过光缆等有线介质与承载网设备对接，特殊场景下也采用微波等无线方式与承载网设备对接。

5G 接入网的组网方式包括集中式和分布式两种。CRAN(Centralized Radio Access Network，集中式无线接入网)中的 BBU(Baseband Unit，基带单元)集中部署后与 AAU(Active Antenna Unit，有源天线单元)之间采用光纤连接，当距离较远时对光纤的需求量很大，在部分场景下需要引入波分前传。DRAN (Distributed Radio Access Network，分布式无线接入网)中 BBU 和 AAU 采用光纤直连方案。国内运营商目前的策略是以 DRAN 为主，CRAN 按需部署。

5G 接入网以云化方式演进，BBU 分解成 CU 和 DU 两部分。CU 部署在边缘数据中心，负责处理传统基带单元的高层协议；DU 可以集中部署在边缘数据中心或者分布式部署在靠近 AAU 侧，负责处理传统基带单元的底层协议。从多基站协同的角度来看，使用 CU-DU 的架构能较好地契合多基站信息协作的结构，而且组网方式更加灵活。

1.3.2　5G 承载网

承载网是专门负责承载数据传输的网络。如果说核心网是人的大脑，接入网是四肢，那么承载网就是连接大脑和四肢的神经网络，负责传递信息和指令。

5G 承载网连接基站与基站、基站与核心网，由光缆互连，通过 IP 路由协议、故障检测技术、保护倒换技术等提供数据的转发功能，并保证数据转发的时延、速率、误码率、业务安全等指标满足相关的要求。

5G 承载网由以下网元组成：

(1) CSG(Cell Site Gateway，基站侧网关)：移动承载网络中的一种角色名称，处在接入层，负责基站接入。

(2) ASG(Aggregation Site Gateway，汇聚侧网关)：移动承载网络中的一种角色名称，该角色位于汇聚层，负责对移动承载网络接入层海量 CSG 业务流进行汇聚。

(3) RSG(Radio Service Site Gateway，无线业务侧网关)：承载网络中的一种角色名称，处在汇聚层，连接无线控制器。

(4) CORE PER(CORE Provider Edge Router，运营商边缘路由器)：由服务提供商提供的边缘设备。

(5) OTN(Optical Transport Network，光传送网)：通过光信号传输信息的网络。

(6) WDM(Wavelength Division Multiplexing，波分复用)：一种数据传输技术，不同的光信号由不同波长承载，并复用在一根光纤上传输。

(7) OXC(Optical Cross-Connect, 光交叉连接): 一种用于对高速光信号进行交换的技术, 通常应用于光 Mesh 网络 (网状互连的网络) 中。

5G 承载网的结构可以从物理层次和逻辑层次两个维度进行划分。

从物理层次划分时, 承载网被分为前传网、中传网和回传网。前传网(CRAN 场景下 AAU 到 DU/BBU 之间)是由传输能力为 50 Gb/s 或 100 Gb/s 的链路组成的环形网络。中传网(DU 到 CU 之间)由 BBU 云化演进, CU 和 DU 分离部署之后才会出现, 是由传输能力为 50 Gb/s 或 100 Gb/s 的链路组成的环形网络。回传网(CU/BBU 到核心网之间)可借助波分设备实现大带宽长距离传输。回传网进一步分为上、下两层, 上层三个环为 IPRAN(IP Radio Access Network, IP 无线接入网)组成的 PTN(Packet Transport Network, 分组传送网)环, 分别是接入环、汇聚环和核心环, 具备灵活转发的能力; 下层两个环是波分环, 具备大颗粒、长距离传输的能力。上下两种环配合使用, 可实现承载网的大颗粒、长距离和灵活转发功能。

从逻辑层次划分时, 承载网被分为三个逻辑平面: 管理平面、控制平面和转发平面。管理平面完成承载网控制器对承载网设备的基本管理功能; 控制平面完成承载网转发路径(即业务隧道)的规划和控制功能; 转发平面完成基站之间、基站与核心网之间用户报文的转发功能。

5G 承载网为满足 eMBB、uRLLC 和 mMTC 三大应用场景的需求, 通过引入 FlexE(Flexible Ethernet, 灵活以太网)、SDN、SR(Segment Routing, 分段路由)等多种关键技术, 提供超大带宽、超低时延的传输管道, 并支持灵活调度, 实现高精度时间同步。

1.3.3 5G 核心网

5G 核心网提供数据转发以及针对不同业务场景的策略控制(如速率控制、计费控制等)功能, 可以由传统的定制化硬件或者云化标准的通用硬件来实现相应的逻辑功能。

5G 核心网中有三类数据中心(Data Center, DC): 中心 DC(Central DC)部署在大区中心或者各省会城市中, 区域 DC(Regional DC)部署在地市机房中, 边缘 DC(Local DC)部署在承载网接入机房中。核心网设备一般放置在中心 DC 机房中, 为了满足低时延业务的需要, 会在地市和区县建立数据中心机房, 设备逐步下移至这些机房中, 缩短了基站至核心网的距离, 从而降低了业务的转发时延。

5G 核心网用户面网元根据业务需求, 区域 DC 可以部署核心网的 UPF、MEC(Multi-access Edge Computing, 多接入边缘计算)、CDN(Content Delivery Network, 内容分发网络)等; 边缘 DC 也可以部署 UPF、MEC 和 CDN, 无线侧还可以部署云化 CU 等。其中 MEC 是 ETSI(European Telecommunications Standards Institude, 欧洲电信标准化协会)提出的概念, 在区域 DC 或边缘 DC 中部署, 相比中心 DC 更靠近终端用户, 将应用、内容和核心网部分业务处理和资源调度的功能一同部署到靠近终端用户的网络边缘, 通过业务靠近用户处理以及应用、内容与网络的协同来提供可靠、极致的业务体验。

5G 核心网的中心 DC 采用的是 SBA 架构(Service Based Architecture, 基于服务的架构), 基于云原生设计, 借鉴了 IT 领域的"微服务"理念, 把原来具有多个功能的整体, 分拆为多个具有独自功能的个体, 利用个体实现自己的微服务, 这样做有利于简化运维, 提升运维效率。 5G 核心网控制面网元和一些运营支撑服务器等部署在中心 DC 中, 如接入和移动性管理功能(Access and Mobility Management Function，AMMF)、会话管理功能(Session Management Function，SMF)、用户面功能(User Plane Function，UPF)、统一数据管理功能(Unified Data Management，UDM)、物联网(Internet of Things，IoT)应用服务器、运营支撑系统(Operations Support System，OSS)服务器等也部署在中心 DC 中。

云原生是一种可以充分利用云计算优势构建和运行应用的方式。云原生计算基金会(CNCF)关于云原生的说明是：云原生的代表技术包括容器、服务网格、微服务、不可变基础设施和声明式 API(Application Program Interface，应用程序接口)。云原生架构旨在将云应用中的非业务代码部分进行最大化的剥离，使业务不再有非功能性(如弹性韧性、安全、可观测性、灰度等)业务中断困扰的同时，具备轻量、敏捷、高度自动化的特点。

5G 核心网以 NF(Network Function，网络功能)的方式重新定义了网络实体，各 NF 对外独立提供功能实现并可互相调用，通过模块化实现网络功能的解耦和集成，解耦后的网络功能抽象为网络服务、独立扩展、独立演进和按需部署。从而使控制平面实现了从传统的刚性网络(网元固定功能、网元间固定连接、固化信令交互等)向基于服务的柔性网络的转变。

5G 核心网架构如图 1-9 所示，网络用户面仅有 UPF 一个网元设备，其他均为控制面网元设备。与 4G 相比，5G 核心网控制面的逻辑功能进行了进一步细分，分离为 AMF 和 SMF(Session Management Function，会话管理功能)两个逻辑节点，并增加了 NSSF(Network Slice Selection Function，网络切片选择功能)与 NRF(NF Register Function，网络注册功能)网元。

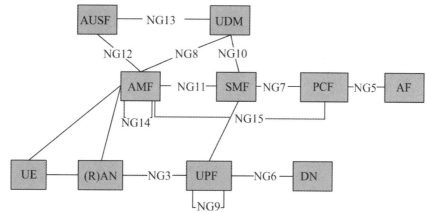

RAN—Radio Access Network(无线接入网)。

图 1-9　5G 核心网构架

5G 核心网 5GC 网元与对应的 4G 核心网 EPC 网元的功能对比如表 1-1 所示。在 5G 核心网中除执行 4G 核心网的功能外还启用了新功能，一些功能被拆分成多个独立的组件，也有一些功能被组合起来。5G 核心网旨在提供控制面和用户面功能之间的清晰划分，支持 NFV 和 SDN 的实施。

在 5G 核心网中，AMF 提供了 4G MME 移动管理中的部分角色，负责维护与 UE(User Equipment，用户设备，也称终端)的 NAS(Non-access Stratum，非接入层)信令连接并管理 UE 注册过程，AMF 支持寻呼终端。AUSF 负责在向 5G 注册或重新注册期间用户身份验证的管理，该功能从 UDM 中获取身份验证向量。SMF 提供了 4G MME 的会话管理功能，另外还结合了 S-GW(Serving Gateway，服务网关)和 P-GW(Packet Data Network GateWay，分组数据网网关)的一些控制面功能，SMF 为 UE 分配 IP 地址。UPF 结合了在 4G 核心网中由 S-GW 和 P-GW 执行的用户业务传输功能，UPF 锚定 UE 的 IP(Internet Protocal，互联网协议)地址。上行流量是从 UE 到 gNodeB 再到 UPF，而下行流量则相反。UPF 还提供 QoS(Quality of Service，服务质量)强制功能。

表 1-1　5GC 与 EPC 网元对比

5GC 网元功能	中文名称	对应 EPC 网元功能	
AMF	接入和移动性管理	MME	移动性管理
AUSF	认证服务器功能		鉴权管理
SMF	会话管理		PDN 会话管理
		P-GW	PDN 会话管理
UPF	用户平面功能		用户面数据转发
		S-GW	用户面数据转发
PCF	策略控制功能	PCRF	计费及策略控制
UDM	统一数据管理	HSS	用户数据库
NEF	网络能力开放	SCEF	业务环境创建
NSSF	网络切片选择功能	5G 新增	
NRF	网络注册功能	5G 新增	

按照上述方式进行设计，网络非常容易扩容、缩容、升级和割接，简而言之，5G 核心网就是模块化、软件化的网络。5G 核心网的 SBA 架构是在网络架构方面一项颠覆性的变革，具备灵活可编排、解耦、开放等传统网络架构所无法比拟的优点，是 5G 时代迅速满足垂直行业需求的重要手段。

1.3.4　5G 网络架构演进

5G 相比 4G 的一个变化就是接入网和核心网的分离变得模糊了。基于 CU/DU 的两级架构与无线云化的结合，形成了 5G Cloud-RAN。而核心网的一部分应用功能，则又以 MEC 边缘云的方式下发到靠近用户的基站一侧，达到了缩短时延的效果。

5G 无线网络的演进进程如图 1-10 所示，在 4G 时代，一个基站通常包括 BBU、RRU 和天线，其中 BBU 负责本基站基带信号的处理，RRU 负责射频信号的处理，天线将线缆上导行波与空气中电磁波进行转换；到了 5G 时代，将分散的 BBU 集中起来，并且把原 BBU 的非实时部分分割出来重新定义为 CU，BBU 的部分物理层处理功能与原 RRU 及无源天线合并为 AAU，而 BBU 的剩余功能重新定义为 DU。5G 独立部署时，gNodeB 的逻辑体系采用 CU 和 DU 分离模式，CU/DU 分离模式的好处是实现基带资源的共享，有利于实现无线接入的切片和云化，更契合 5G 复杂组网情况下的站点协同问题。

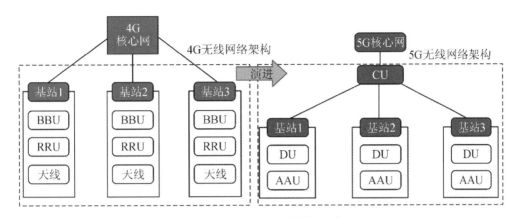

RRU—Radio Remote Unit(射频拉远单元)。

图 1-10 5G 无线网络演进进程

  移动通信核心网演进进程如图 1-11 所示。在 2G 时代，移动通信主要提供语音业务和少量低速的数据业务，尽管引入了 IP 交换，但仍以电路交换为主。到了 3G 时代，核心网被全面 IP 化，以软交换为主，并将控制面和业务面分离开来，业务种类相较 2G 更加丰富。4G 的网络能力比 3G 的有显著提升，下载速率可达 100 Mb/s，移动通信终端不再只是语音电话，而是集办公、学习和娱乐于一身的移动电脑。4G 的核心网采用纯 IP 架构，取消了CS(Circuit Switch，电路交换)域，并且开始将网元功能软件与硬件实体资源分离开来，也就是 NFV。在硬件方面，4G 直接采用 HP、IBM 等 IT 厂家的 x86 平台通用服务器；在软件方面，4G 设备商基于 OpenStack 等开源平台，开发自己的虚拟化平台，把以前的核心网网元"种植"在这个平台之上。

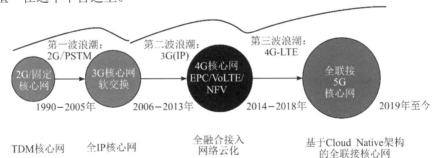

VoLTE—Voice over LTE(基于 LTE 的语音业务)。

图 1-11 5G 核心网演进进程

  在 5G 时代，随着万物互联和垂直行业的海量信息传输需求，传统网络软硬件绑定，网络实体间固化的流程架构已无法满足要求。为应对这些新的业务需求，5G 核心网依托云原生核心思想，通过 SBA 架构将虚拟化的软件与硬件解耦，网络资源可切片，通过 API 引入创新服务，结合云化技术，实现了网络的定制化、开放性以及服务化。

  华为在 2017 年发布了首个面向 5G 商用场景的 5G 核心网解决方案 SOC(Service Oriented Core，面向服务的核心网)，如图 1-12 所示。SOC 通过一个核心网来实现网络的全接入，除了支持 3G/4G/5G 移动接入方式，还可融合 xDSL(x Digital Subscriber Line，数字用户线路)、WiFi、LPWAN(Low Power Wide Area Network，低功耗广域网)等其他接入方式，帮助运营商保护已有投资，扩大连接规模。采用基于云原生的架构，通过一张物理网络构建满足不同业务需求的网络切片，使运营商网络更好地实现多样化、差异化的业务，如语音通信业务、视频业务以及超低时延的自动驾驶业务等。

CUPS－控制面与用户面分离；　　　　　Slicing－切片；
SBA－基于服务的架构；　　　　　　　Cloud Native－原生云。

图 1-12　面向 5G 商用场景的核心网解决方案

为了网络的平滑演进，从网络架构的角度来看，5G 标准分为 NSA(Non-Standalone，非独立组网)和 SA(Standalone，独立组网)两种模式。如图 1-13 所示，NSA 是指无线侧 4G 基站和 5G 基站并存，核心网采用 4G 核心网或 5G 核心网的组网架构；SA 是指无线侧采用 5G 基站，核心网采用 5G 核心网的组网架构，该架构是 5G 网络演进的终极目标。

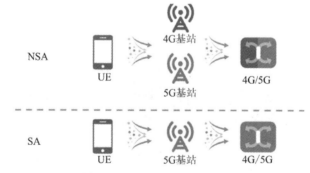

图 1-13　NSA 架构与 SA 架构

在 NSA 组网模式下，又可具体分为 Option3、Option4、Option7 等多种组网方案，它们的无线接入网均采用双连接技术，如图 1-14 所示。其中 Option3 系列由 4G 基站作为主节点、5G 基站作为辅节点，核心网采用 4G 核心网。根据数据分流点位置的不同，Option3 系列分为 Option3、Option3a、Option3x 三种部署模式。Option3 模式中数据由 4G 基站分流给 5G 基站，而 5G 基站与核心网 EPC 没有连接；Option3a 模式中数据由核心网进行分流，此时 5G 基站与核心网 EPC 有连接，与 4G 基站没有连接；Option3x 作为 Option3 的优化方案，将 5G 基站作为数据分流点，可充分利用 5G 基站设备处理能力更强的优势，提升网络处理能力。由于 Option3 系列部署模式的控制面锚点在 LTE 节点上，因此可以依托现有的 4G 基站实现连续覆盖，但由于核心网仍然采用 EPC，因而无法真正满足 ITU 定义的 5G 需求。

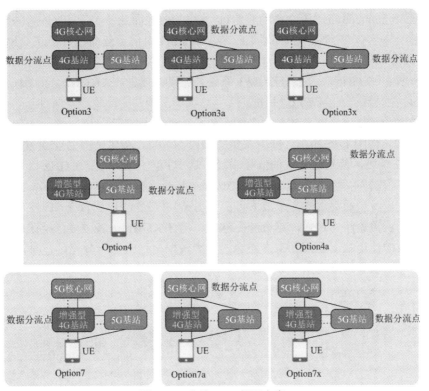

图 1-14　多种 NSA 组网方案

Option4 系列部署模式的主节点是 5G 基站，控制面锚点在 5G 基站上，需要 5G 实现基本的连续覆盖，同时需要部署 5G 核心网。在这种部署模式下，作为辅节点的 4G 基站主要用于提高容量。由于 Option4 模式中的数据由 5G 基站进行分流，Option4a 模式中的数据分流由 5G 核心网承担。Option4、Option4a 有完整的 5G 网络结构，因此能够支持包括 eMBB、uRLLC 和 mMTC 在内的 5G 应用场景。

Option7 系列采用增强 4G 基站作为主节点，所有的控制面信令都经由 4G 基站转发。Option7 模式由 4G 基站将数据分流给 5G 基站，Option7a 模式由 5G 核心网作为数据分流点，Option7x 模式由 5G 基站将数据分流至 4G 基站。Option7 系列能满足 5G 网络发展的中期需求，但 4G 基站需要通过升级改造连接到 5G 核心网，涉及 4G 基站的改造量较大。

▌▶ 1.4　5G 网络部署

1.4.1　5G 频谱及部署策略

1. 5G 频谱资源

作为移动通信产业的起点，频谱是很重要的，可以说是第一资源。科学统筹、精准分配频谱资源，既能保证 5G 现阶段商业应用所需的网络性能，又能降低 5G 网络的部署成本。当前无线电频谱需求快速增长，6 GHz 以下的"黄金频段"十分紧张，IMT(International

Mobile Telecommunications，国际移动通信)业务与其他地面业务、空间业务间的频率使用矛盾日益突出。截至 2022 年 7 月，我国工信部共为 5G 电信运营商许可了 770 MHz 带宽的 5G 中低频段频率资源。在 2019 年世界无线电通信大会上，我国推动设立 WRC-23 1.2 议题，提出新增 6～7 GHz 频段划分给 IMT 系统，推动毫米波在 26 GHz、40 GHz 和 70 GHz 频段建立 5G 全球统一的频率划分标准。

在 3GPP 协议中，5G 的总体频谱资源可以分为两个频谱范围 (Frequency Range，FR)，即 FR1 和 FR2，如图 1-15 所示。图中左侧的频段为 FR1，频率范围为 450～6000 MHz，也被称为 Sub6G 频段，就是通常说的低频频段，是 5G 的主用频段；3 GHz 以下的频率称为 Sub3G，其余频段被称为 C-Band。FR2 为 5G 扩展频段，频率范围为 24 250～52 600 MHz，为高频频段，也就是通常说的毫米波。目前 C-Band 中 3.5 GHz 频段是 5G 应用最广泛的频谱，频率越低，覆盖能力越强，穿透能力越好，但 3.5 GHz 很多频段已经在之前的网络中使用，且各国的使用状况不同。毫米波穿透能力较弱，但带宽十分充足，且没有什么干扰源，频谱干净，未来的应用也十分广泛。

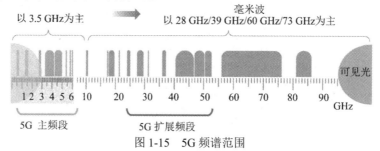

图 1-15　5G 频谱范围

TDD(Time Division Duplexing，时分双工)和 FDD(Frequency Division Duplexing，频分双工)是移动通信系统中的两大双工制式。在 4G 中，针对 FDD 与 TDD 分别划分了不同的频段，在 5G NR 中也同样为 FDD 与 TDD 划分了不同的频段，同时还引入了新的 SDL(Supplemewtary Down Link，补充下行)与 SUL(Supplementary Uplink，补充上行)频段。

5G NR 的频段号以"n"开头，与 LTE 的频段号以"B"开头不同，目前 3GPP 指定的 5G NR 频段如表 1-2 所示，其中 n256、n257、n260 为 FR2 毫米波频段。

表 1-2　5G NR 频段划分

NR 频段号	上行频段/ MHz 基站接收/ UE 发射	下行频段/ MHz 基站发射/ UE 接收	双工模式
n1	1920～1980	2110～2170	FDD
n2	1850～1910	1930～1990	FDD
n3	1710～1785	1805～1880	FDD
n5	824～849	869～894	FDD
n7	2500～2570	2620～2690	FDD

NR 频段号	上行频段/ MHz 基站接收/ UE 发射	下行频段/ MHz 基站发射/ UE 接收	双工模式
n8	880～915	925～960	FDD
n20	832～862	791～821	FDD
n28	703～748	758～803	FDD
n38	2570～2620	2570～2620	TDD
n41	2496～2690	2496～2690	TDD
n50	1432～1517	1432～1517	TDD
n51	1427～1432	1427～1432	TDD
n66	1710～1780	2110～2200	FDD
n70	1695～1710	1995～2020	FDD
n71	663～698	617～652	FDD
n74	1427～1470	1475～1518	FDD
n75	N/A	1432～1517	SDL
n76	N/A	1427～1432	SDL
n77	3300～4200	3300～4200	TDD
n78	3300～3800	3300～3800	TDD
n79	4400～5000	4400～5000	TDD
n80	1710～1785	N/A	SUL
n81	880～915	N/A	SUL
n82	832～862	N/A	SUL
n83	703～748	N/A	SUL
n84	1920～1980	N/A	SUL
n257	26 500～29 500	N/A	TDD
n258	24 250～27 500	N/A	TDD
n260	37 000～40 000	N/A	TDD

　　2020 年 12 月，工业和信息化部确定了中国电信、中国移动和中国联通三大运营商 5G 中低频段试验频率的使用许可，中国电信、中国联通各获得 100 MHz 5G 频率资源，中国移动获得 260 MHz 5G 频率资源，其中 2515～2575 MHz、2635～2675 MHz 和 4800～4900 MHz 频段为新增频段，2575～2635 MHz 频段为中国移动现有的 TD-LTE(Time Division Long Term Evolution，分时长期演进)频段，具体信息如表 1-3 所示。

表 1-3　国内运营商 5G 频带划分

运营商	5G 频段/MHz	带宽/MHz	5G 频段号
中国移动	2515~2675	160	n41
	4800~4900	100	n79
中国电信	3400~3500	100	n78
中国联通	350~3600	100	n78

　　三大运营商 5G 频谱的确定，保障了各企业在全国范围内开展 5G 系统组网试验所必须使用的频率资源，同时为产业界释放了明确信号——加快我国 5G 网络建设和快速普及，进一步推动我国 5G 产业链的成熟与发展。建设 5G 网络，三大运营商不得不对建网成本有所考虑。一般来讲，频段越高其网络覆盖半径越小，要覆盖同样面积的地区，较低频段所需要部署的基站数量相对较少，建网成本较低。从上述划分方案来看，中国电信和中国联通获得的 n78(3.5 GHz)频段是全球公认的 5G 热门频段，且韩国、日本、英国等多国运营商已确定采用该频段建设 5G，前期已基于 n78 频段进行了大量测试，所以产业链相对成熟。中国移动在 n41(2.6 GHz)与 n79(4.9 GHz)都有收获，相比之下，n41 频段的覆盖能力较好，建网成本相对较低。而且 n41 频段也并不孤单，美国运营商 Sprint 也确定用 n41 频段部署 5G。此外，泰国、爱沙尼亚、瑞士等国也有采用 n41 频段建设 5G 的计划。

　　"没有 5G 频谱，就不会有 5G。"作为移动通信产业发展的"第一资源"，中国 5G 之所以走向成功，与其前瞻、科学、精准的频谱资源分配方式是密切相关的。可以说，充分的频谱资源、合理的分配方式、持续的高效供给，不但给中国 5G 持续健康发展奠定了基础，也给全球 5G 产业发展指明了方向。

　　2. 5G 频谱部署策略

　　5G 的频谱资源丰富，包括 Sub3G、C-Band 和毫米波，它们的优缺点以及部署策略如表 1-4 所示。5G 的部署目标是进行多层次组网，合理使用各种频段。

表 1-4　不同频段的比较与部署策略

频段类型	频段优势	频段劣势	部署策略
Sub3G	频段低，覆盖性能好，小区带宽受限	可用频率资源有限，大部分被当前系统占用	可选频率资源少，小区初期部署困难，后续可以通过 Refarming(重耕)或者 Cloudair(云空口)方案来部署。小区最大带宽受限，可以作为 5G 的基础覆盖层
C-Band	NR 新增频段，频谱资源丰富，小区带宽大	上行链路覆盖较差，上下行不平衡问题比较明显	5G 主要频段，最大可部署 100 MHz 带宽。上下行不平衡问题可以通过上下行解耦特性来解决
毫米波	NR 新增频段，小区带宽最大	覆盖能力差，对射频器件性能要求高	初期部署不作为主要选择，主要作为热点 eMBB 容量补充、WTTx(Wireless To The x，无线宽带到户)以及 D2D(Device to Device，设备到设备)等特殊场景

Sub3G 频段的覆盖性能最好，但资源有限，因此可被作为基础覆盖层。初期若部署困难，后续可通过 Refarming 或者 Cloudair 方案部署。Refarming 方案是通过重整现有频谱及获取额外频谱等方式进一步优化频谱资源的；Cloudair 方案能根据网络业务需求或者移动用户位置按需分配包括频谱、通道和功率等空中接口(简称空口)资源，能帮助运营商显著提升网络频谱效率和容量。C-Band 是 5G 新增频段，带宽大，可作为基础容量覆盖层，上下行不平衡问题可以通过上下行解耦特性来解决。对于高频毫米波频段，适用于多径反射比较丰富的场景，主要用于 eMBB 热点、WTTx 和无线回传，作为容量补充层。

1.4.2　5G 站点方案及部署

4G LTE 网络的部署非常广泛，在部分国家几乎可以与 GSM 网络相比拟。运营商部署 5G 网络不可能是一蹴而就的，而是逐步进行的，这样才能避免短期内的高投入，也能有效地降低部署风险。

在 NSA 组网演进方案中，将 Option3 作为一个中间态，其好处是对终端、无线和核心网的改动很小，如图 1-16 所示。因为 Option3 只需要引入 5G 无线系统和升级 EPC 支持 5G 业务，这样有利于加快 5G 的部署，使用户能快速地体验到 5G 服务，实现网络灵活过渡，因此它是很多运营商在 5G 部署初期采用的组网方案；而 Option2 则被作为网络长期演进的最终形态；Option7x 和 Option4 可作为可选组网方案。5G 的核心网部署之后，如果 NR 覆盖好，则可跳过 Option7x，采用演进路径 4；如果 NR 覆盖不好，则使用 Option7x，LTE 继续做锚点，采用演进路径 5。

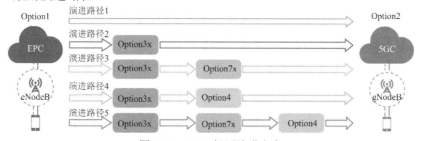

图 1-16　NSA 组网演进方案

在 4G 时代，无线侧基本完成了宏基站向分布式基站(Distributed Base Station，DBS)站型的转变。分布式基站带来的最大好处是射频模块的形态由机柜内集中部署的单板演进为独立的模块单元，它可以脱离机柜部署。5G 的基站仍然采用 DBS 站型，部署无线接入网时，既可以沿用传统的 DRAN 架构和 CRAN 架构，也可以采用新型的基于云数据中心的 CloudRAN(Cloud Radio Access Network，云化无线接入网)架构。

1. 传统分布式无线接入网 DRAN

如图 1-17 所示，DRAN 采用各 BBU 独立星形拓扑架构，每个站点和接入环设备独立连接，其中每个站点均独立部署机房，BBU 与 RRU 可共站部署，配电供电设备及其他配套设备均独立部署。

DRAN 部署具有以下优势：

(1) BBU 与 AAU/RRU 共站部署，站点回传可根据站点机房实际条件，采用微波或光纤方案灵活组网。

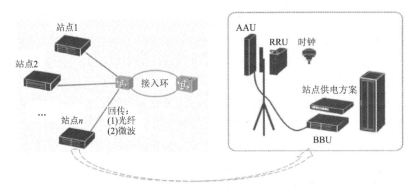

图 1-17　传统分布式无线接入网 DRAN

(2) BBU 和 AAU/RRU 共站部署，CPRI(Common Public Radio Interface，通用公共无线电接口)光纤长度短，而回传方面单站只需一根光纤，整体光纤消耗低。

(3) 若单站出现供电、传输方面的故障问题，则不会对其他站点造成影响。

DRAN 部署具有以下劣势：

(1) 站点配套独立部署，投资规模大。

(2) 新站点部署机房时，建设周期长。

(3) 站点间资源独立，不利于资源共享。

(4) 站点间信令交互需要经网关中转，不利于站间业务的高效协同。

2. 传统集中式无线接入网 CRAN

CRAN 中多个站点的 BBU 模块会被集中部署在一个中心机房，如图 1-18 所示的各站点射频模块是通过前传拉远光纤与中心机房 BBU 进行连接的，CRAN 将会是 5G 无线接入网部署的未来趋势。

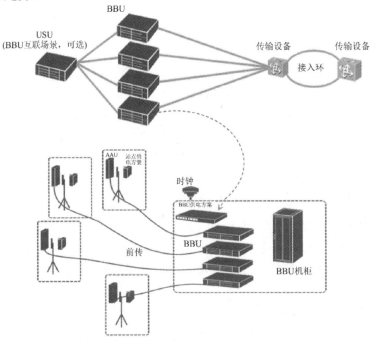

图 1-18　传统集中式无线接入网 CRAN

CRAN 部署具有以下优势:

(1) 5G 的超密集站点组网会形成更多的覆盖重叠区, CRAN 更适合采用 CA(Carrier Aggregation, 载波聚合)、CoMP(Coordinated Multiple Points, 协作多点)和 SFN(Single Frequency Network, 单频网)等技术, 实现站间高效协同, 大幅提升无线网络性能。

(2) 可以简化站点获取难度, 实现无线接入网的快速部署, 缩短建设周期, 在不易于部署站点的覆盖盲区更容易实现深度覆盖。

(3) 可通过跨站点组建基带池, 实现站间基带资源共享, 因此资源利用方面更加合理。

CRAN 部署具有以下劣势:

(1) BBU 和 RRU 之间形成长距离拉远, 前传接口光纤消耗大, 会带来较高的光纤成本。

(2) BBU 集中在单个机房, 安全风险高, 机房传输光缆故障或水灾、火灾等问题易导致大量基站故障。

(3) 要求集中机房具备足够的设备安装空间, 同时, 还需要机房具备完善的配套设施用于支撑散热、备电(如空调、蓄电池等)的需要。

3. 云化无线接入网 CloudRAN

目前, 整个移动通信网络正变得越来越复杂, 尤其是无线接入网层面, 各厂家之间独立的"烟囱式"网元架构增加了网元的建设与维护成本, "宏站 + 微站 + 室分"混合组网形成的异构网络, 站点形态多样, 功率大小不一, 导致无线接入网的运维管理难度越来越大。

在未来超高可靠性和超低时延业务的场景下, 用户面转发功能需要下沉到网络边缘, 无线侧需要灵活控制空口协议栈, 并和垂直行业的边缘计算服务器完成高层应用的对接。当前传统的无线接入网网络架构已经无法满足这些需求, 云化无线接入网 CloudRAN 应运而生, 如图 1-19 所示。 CloudRAN 形成了一个敏捷而弹性、统一接入与统一管理、可灵活扩展的全新无线接入网, 能够应对未来网络的不确定性。

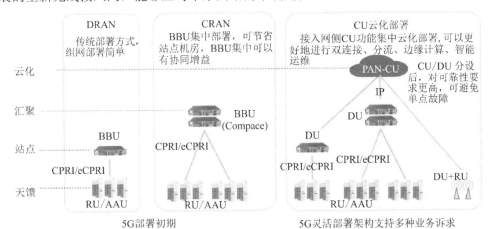

eCPRI—enhanced Common Public Radio Interface(增强型通用公共无线电接口); RU—Radio Unit(无线电单元); RAN-CU—Radio Access Network-Centralized Unit(无线接入网侧的集中单元)。

图 1-19　无线网络云化演进

CloudRAN 中 CU 与 DU 分离, CU 负责 BBU 非实时处理部分, 并且基于 NFV 云化部署, 满足 5G 多样性诉求, DU 负责 BBU 实时处理部分, 规范了新的接口 F1(CU 与 DU 之间的接口)。需要注意的是, 在设备实现上, CU 和 DU 可以灵活选择, 即二者可以是分离的设备，通过 F1 接口通信；或者 CU 和 DU 也完全可以集成在同一个物理设备中，此时 F1 接口就变成了设备内部接口。CU 和 DU 分离后的协议栈切分如图 1-20 所示，各厂商及运营商有 Option1～Option8 共八种切分方案，不同切分方案的适用场景和性能增益均不同，同时对前传接口的带宽、传输时延、同步等参数要求也有很大差异。在协议 Rel-15 版本中明确采用 Option2，即基于 PDCP(Packet Data Convergence Protocal，分组数据汇聚协议)/RLC(Radio Link Control，逻辑链路控制)切分。

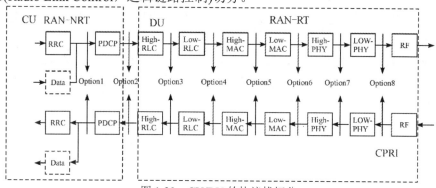

图 1-20 CU/DU 的协议栈切分

在确定 CU/DU 协议栈功能划分方案之后，CloudRAN 部署时还需要考虑 CU 和其他网元的对接，包括以下几点：

(1) 用户面功能。CU 的功能属于基站功能的一部分，采用 MCE(Mobile Cloud Engine，移动云引擎)方案部署 CloudRAN 网络，部署方案如图 1-21 所示。

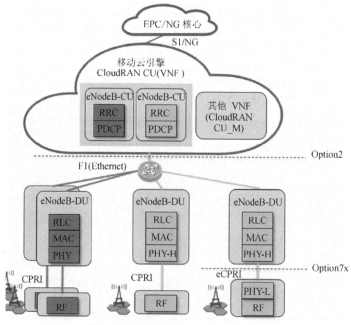

VNF—Virtualised Network Function(虚拟化的网络功能)；RRC—Radio Resource Control(无线资源控制)；MAC—Medium Access Control(媒体接入控制)；PHY—Physical Layer(物理层)；PHY-H—Physical Layer-High(高层物理层)；PHY-L—Physical Layer-Low(底层物理层)；RF—Radio Frequency(射频)。

图 1-21 Mobile Cloud Engine 部署方案

RAN-NRT(RAN Not Real Time，RAN 的非实时部分)部署在 MCE 侧，传统基站侧只部署 RAN-RT(RAN Real Time，RAN 的实时部分)，实时部分更靠近用户，使得处理时延更小。MCE 担任用户面数据连接锚的角色，针对不同模式，接入点的非实时处理功能模块被整合进 MCE，数据流通过 MCE 被发送到每个接入点。

(2) CU 和 DU 的位置部署。CU 和 DU 的位置根据不同的场景进行部署，要考虑对无线性能的影响。时延敏感业务较多的网络一般采用 Option2 协议栈切分，在这种场景下，CU 下挂 BBU 较少，集中度不高，可部署在边缘云数据中心或接入机房，以满足时延要求，DU 适合采用 DRAN 部署。在资源共享型的 Option1 场景中，CU 集中度高，部署在区域云数据中心，DU 可采用 CRAN 或者 DRAN/CRAN 并存。

(3) DU 和射频之间的前传接口部署等问题。不同的协议栈的切分方案和部署场景对前传接口的要求是不同的，在 Option8 切分方案中，可用传统前传接口部署，采用 CPRI 协议，前传带宽需求较大；Option7x 切分方案中，用 5G 前传接口部署，采用 eCPRI 协议，前传带宽需求下降为 CPRI 的 1/4；在 DU 分布式部署场景中，DU 距 AAU/RRU 较近，前传可采用光纤直驱方式；在 DU 集中式部署场景中，DU 集中位置距 AAU/RRU 较远，前传可用波分传输，以减少光纤数量，降低传输成本。

CloudRAN 的部署能大幅增加无线接入网的协同程度及资源弹性，便于统一、简化运维，CloudRAN 部署的优势包括以下几点：

(1) 统一架构，实现网络多制式、多频段、多层网、超密网等多维度融合。

(2) 集中控制，降低无线接入网复杂度，便于实现制式间与站点间高效的业务协同。

(3) 使用双连接可实现极致的用户体验，避免因 4G/5G 站点间的数据迁回导致的成本增加和传输时延。

(4) 软件与硬件解耦、开放平台及促进业务敏捷上线。

(5) 便于引入人工智能实现无线接入网切片的智能运维管理，适配未来业务的多样性。

(6) 云化架构实现资源池化、网络按需部署、弹性扩缩容，提升资源利用效率，保护了运营商的投资。

(7) 适应多种接口切分方案，可以满足不同传输条件下的灵活组网。

(8) 网元集中部署，节省了机房，降低了 OPEX(Operating Expense，运营支出)。

1.5　5G 空中接口

5G 的无线侧技术相对于 4G 发生了许多变化，5G 也称其为 NR。本节首先介绍 5G 无线空口的协议栈 NR，并针对物理层进行解析，梳理 5G 的帧和信道结构，重点讨论 5G 上下行的物理信号和信道。

1.5.1　5G 空中接口协议栈 NR

NR 是 UE 和 gNodeB 之间的接口，NR 协议栈主要用来建立、配置和释放各种无线承载业务。NR 是一个开放的接口，只要遵守规范，不同设备之间便能相互通信。

　　NR 协议栈包含三层两面。三层指的是物理层 L1、数据链路层 L2 和网络层 L3；两面指控制面与用户面，分别如图 1-22(a)、(b)所示。NR 控制面协议栈与 LTE 控制面协议栈一致，用户面加入新的协议层 SDAP(Service Data Adaptation Protocal，服务数据适配协议)，完成 QoS 映射功能。

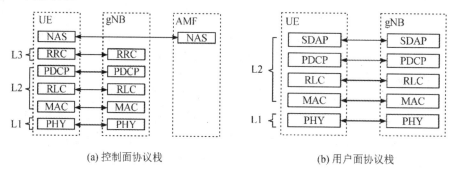

(a) 控制面协议栈　　　　　　　　　　　　(b) 用户面协议栈

图 1-22　新空口协议栈

　　NR 协议栈中的 L3 是空中接口服务的使用者，也是 RRC 信令及用户面数据；L2 对不同的 L3 数据进行区分标示，并提供不同的服务，包括 SDAP、PDCP、RLC 和 MAC 四个子层；L1 物理层为高层的数据提供无线资源及信息传输的服务。

1. RRC 层

　　RRC(Radio Resource Control，无线资源控制)层是空中接口控制面的主要协议栈。UE 与 gNodeB 之间传送的 RRC 消息依赖于 PDCP、RLC、MAC 和 PHY 层的服务。RRC 处理 UE 与 NG-RAN 之间的所有信令，包括 UE 与核心网之间的信令，即由专用 RRC 消息携带的 NAS 信令。携带 NAS 信令的 RRC 消息不改变信令内容，只提供转发机制。

　　NR 中支持三种 RRC 状态：RRC_IDLE(空闲态)、RRC_INACTIVE(非激活态)和 RRC_CONNECTED(连接态)。RRC_INACTIVE 态类似于 RRC_IDLE，将基于参考信号的测量执行小区重选，且不向网络提供测量报告。

2. SDAP 层

　　SDAP(Service Data Adaptation Protocol，服务数据适配协议)层是 NR 用户面新增的协议层。5G 核心网引入了更精细的基于 QoS 流的用户面数据处理机制，从空口上来看，数据是基于 DRB(Data Radio Bear，数据无线承载)来承载的，这时就需要将不同 QoS 流的数据按照网络配置的规则映射到不同的 DRB 上。引入 SDAP 层的主要目的是完成 QoS 流与 DRB 之间的映射。SDAP 层的主要功能有以下几点：

　　(1) 负责 QoS 流与 DRB 之间的映射。

　　(2) 为上下行数据包添加 QFI(QoS Flow ID，QoS 流标识)标记。

　　(3) 反射 QoS 流到 DRB 的映射，用于上行 SDAP PDU(Protocol Data Unit，协议数据单元)。

　　5G QoS 流是 5G 系统中 QoS 转发处理的最小粒度，映射到相同 5G QoS 流的所有报文都接收相同的转发处理，如调度策略、队列管理策略、速率整形策略、RLC 配置等。

　　如图 1-23 所示，每个独立的 PDU 会话对应一个独立的 SDAP 实体。也就是说，如果一个 UE 同时有多个 PDU 会话，将会建立多个 SDAP 实体。SDAP 实体从上层接收到的数据或发往上层的数据被称作 SDAP SDU(Service Data Unit，服务数据单元)；SDAP 实体从 PDCP 层接收到的数据或发往 PDCP 层的数据被称作 SDAP PDU。多个 QoS 流可以映射到同一个 DRB 上。但是在上行处理过程中，同一时间一个 QoS 流只能映射到一个 DRB 上，但后续可以修改并将一个 QoS 流映射到其他 DRB 上。

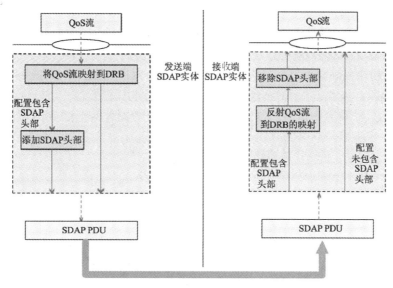

图 1-23　SDAP 层处理流程

3. PDCP 层

PDCP(Packet Data Convergence Protocol，分组数据汇聚协议)层的总体功能与 LTE 的 PDCP 大致相同，NR 中 PDCP 层的主要功能有以下几点：

(1) 对 IP 报头进行压缩/解压缩以减少空口传输的比特数。

(2) 对数据(包括控制面数据和用户面数据)进行加密/解密。

(3) 对数据进行完整性保护。控制面数据必须进行完整性保护，用户面数据是否需要完整性保护取决于配置参数。

(4) 基于定时器的 SDU 丢弃。PDCP SDU 丢弃功能主要用于防止发送端的传输 buffer 溢出，丢弃那些长时间没有被成功发送出去的 SDU。

(5) 路由。在使用 Split Bearer(分离式承载)的情况下，PDCP 发送端会对报文进行路由。

(6) 重排序和按序递送。在 NR 中，RLC 层只要重组出一个完整的 RLC SDU，就送往 PDCP 层。也就是说，RLC 层是不会对 RLC SDU(即 PDCP PDU)进行重排序的，其发往 PDCP 层的 RLC SDU 可能是乱序的。这就要求 PDCP 的接收端对从 RLC 层接收到的 PDCP PDU 进行重新排序，并按序传送给上层。

PDCP 层只应用在映射到逻辑信道 DCCH(Dedicated Control Channel，专用控制信道)和 DTCH(Dedicated Traffic Channel，专用传输信道)的 RB(Radio Bearer，无线承载)上，而不会应用于其他类型的逻辑信道上。也就是说，系统信息[包括 MIB(Master Information Block，主信息块)和 SIB(System Information Block，系统消息块)]、寻呼消息以及使用 SRB0 (Signalling Radio Bearer，信令无线承载。SRB0 用来传输 RRC 消息)的数据不经过 PDCP 层处理，也不存在相关联的 PDCP 实体。

除 SRB0 外，每个无线承载都对应一个 PDCP 实体。

一个 UE 可建立多个无线承载，因此可包含多个 PDCP 实体，每个 PDCP 实体只处理一个无线承载的数据。基于无线承载的特性或 RLC 模式的不同，一个 PDCP 实体可以与一、二或四个 RLC 实体相关联。

对于 Non-split 承载，每个 PDCP 实体与一个 UM(Unacknowledge Mode，非确认模式) RLC 实体(单向)、两个 UM RLC 实体(双向，每个 RLC 实体对应一个方向)或一个 AM(Acknawledged Mode，确认模式) RLC 实体(一个 AM RLC 实体同时支持两个方向)相关联。

对于 Split Bearer，由于一个 PDCP 实体在 MCG(Master Cell Group，主小区组)和 SCG(Secondary Cell Group，辅小区组)上均存在对应的 RLC 实体，所以每个 PDCP 实体与两个 UM RLC 实体(同向)、四个 UM RLC 实体(每个方向各两个)或两个 AM RLC 实体(同向)相关联。

如图 1-24 所示，PDCP 层发送端的处理流程如下：

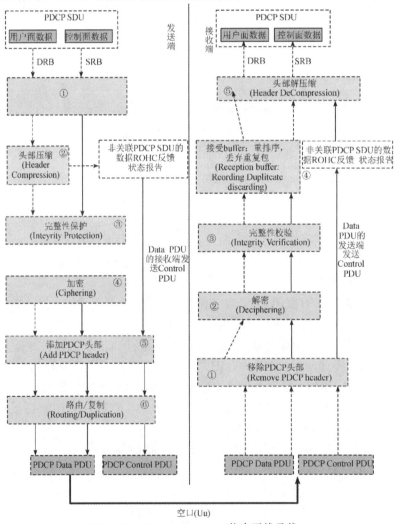

SRB—Signalling radio bearer(信令无线承载)。

图 1-24 PDCP 层处理流程图

(1) 来自 RRC 层的控制面数据或来自 SDAP 层的用户面数据(PDCP SDU)会先缓存在 PDCP 的传输 Buffer(缓冲区)中，并按顺序为每个数据包分配一个 SN(Sequence Number，序列号)，SN 指示了数据包的发送顺序。

(2) 对用户面数据进行头部压缩处理，头部压缩只应用于 DRB，而不应用于控制面数据 SRB(Signal Radio Bear，信令无线承载)。用户面数据是否进行头部压缩处理是可选的。

(3) 基于完整性保护算法对控制面数据或用户面数据进行完整性保护，并生成 MAC-I 验证码，以便接收端进行完整性校验。控制面数据必须进行完整性保护，而用户面数据的完整性保护功能是可选的。

(4) 对控制面数据或用户面数据进行加密，以保证发送端和接收端之间传递的数据的保密性。除了 PDCP Control PDU 外，经过 PDCP 层的所有数据都会进行加密处理。

(5) 添加 PDCP 头部，生成 PDCP PDU。

(6) 如果 RRC 层给 UE 配置了复制功能，则 UE 在发送上行数据时，会在两条独立的传输路径上发送相同的 PDCP PDU。如果建立了 Split Bearer，PDCP 可能需要对 PDCP PDU 进行路由，以便发送到目标承载上。路由和复制都是在 PDCP 发送实体里进行的。

与发送端对应，PDCP 层接收端的处理流程如下：

(1) 从 RLC 层接收到一个 PDCP Data PDU 后，会先移除该 PDU 的 PDCP 头部，并根据接收到的 PDCP SN 以及自身维护的 HFN(Hyperframe Number，超帧号)得到该 PDCP Data PDU 的 RCVD_COUNT(接收到的 PDCP Data PDU 的个数)值，该值对后续的处理至关重要。

(2) 使用与 PDCP 发送端相同的解密算法对数据进行解密。

(3) 对解密后的数据进行完整性校验。如果完整性校验失败，则向上层指示完整性校验失败，并丢弃该 PDCP Data PDU。

(4) 判断是否收到了重复包，如果是，则丢弃重复的数据包；如果不是，就将 PDCP SDU 放入接收 Buffer 中，进行可能存在的重排序处理，以便将数据按序传送给上层。

(5) 对数据进行头部解压缩。如果解压缩成功，则将 PDCP SDU 传送给上层；如果解压缩失败，则解压缩端会将反馈信息发送到压缩端以指示报头上下文已被破坏。

4. RLC 层

顾名思义，RLC(Radio Link Control，逻辑链路控制)层主要提供无线链路控制功能。RLC 包含 TM(Transparent Mode，透明模式)、UM(Unacknowledged Mode，非确认模式)和 AM(Acknowledged Mode，确认模式)三种传输模式，主要提供纠错、分段、重组等功能。NR 中 RLC 层位于 PDCP 层(或 RRC 层)和 MAC 层之间，它通过 SAP(Service Access Point，业务接入点)与 PDCP 层(或 RRC 层)进行通信，并通过逻辑信道与 MAC 层进行通信。

RLC 配置是逻辑信道级的配置，一个 RLC 实体只对应一个 UE 的一个逻辑信道。RLC 实体从 PDCP 层接收到的数据或发往 PDCP 层的数据被称作 RLC SDU(或 PDCP PDU)。RLC 实体从 MAC 层接收到的数据或发往 MAC 层的数据被称作 RLC PDU(或 MAC SDU)。

RLC 层对数据的处理过程如下：

(1) 分段/重组(Segmentation/Reassembly，只适用于 UM 和 AM 模式)RLC SDU。在一次传输机会中，一个逻辑信道可发送的所有 RLC PDU 的总大小是由 MAC 层指定的，其大小通常并不能保证每一个需要发送的 RLC SDU 都能完整地发送出去，所以在发送端需要对某些(或某个)RLC SDU 进行分段以便匹配 MAC 层指定的总大小。相应地，在接收端需要对之前分段的 RLC SDU 进行重组，以便恢复原来的 RLC SDU 并传送给上层。

(2) 通过 ARQ(Automatic Repeat reQuest，自动重传请求)来进行纠错(只适用于 AM 模式)。MAC 层的 HARQ(Hybrid Automatic Repeat ve Quest，混合自动重传请求)机制的目标在于实现非常快速的重传，其反馈出错率在 1%左右。对于某些业务，如 TCP 传输(要求丢包率小于 10^{-5})，HARQ 反馈的出错率就显得过高了。对于这类业务，RLC 层的重传处理能够进一步降低反馈出错率。

(3) 对 RLC SDU 分段进行重分段(Re-segmentation，只适用于 AM 模式)。当一个 RLC SDU 分段需要重传，但 MAC 层指定的大小无法保证该 RLC SDU 分段完全发送出去时，就需要对该 RLC SDU 分段进行重分段处理。

5. MAC 层

MAC(Medium Access Control，媒体接入控制)层为上层协议层提供数据传输和无线资源分配服务，主要功能如下：

(1) 映射：MAC 负责将从逻辑信道接收到的信息映射到传输信道上。

(2) 复用： MAC 的信息可能来自一个或多个无线承载，MAC 层能够将多个 RB 复用到同一个传输块(Transport Block，TB)上以提高效率。

(3) 解复用：MAC 将来自 PHY 层在传输信道承载的 TB 块解复用为一条或者多条逻辑信道上的 MAC SDU。

(4) HARQ：MAC 利用 HARQ 技术为空中接口提供纠错服务。HARQ 的实现需要 MAC 层与 PHY 层的紧密配合。

(5) 无线资源分配：MAC 提供基于服务质量的业务数据和用户信令的调度。

6. PHY 层

PHY 层位于空口协议栈的最底层，主要完成传输信道到物理信道映射及执行 MAC 层的调度，具体的功能包括 CRC(Cyclic Redundancy Check，循环冗余校验)的添加、信道编码、调制、天线口映射等，这些将在下节中具体介绍。

1.5.2   5G 空中接口物理层处理过程

5G 物理层发送端的信号处理流程如图 1-25 所示，首先对从传输信道映射到物理信道的数据添加 CRC，然后进行码块分段生成若干 CB(Code Block，码块)，再经过一系列的底层处理，最后把数据送到天线上输出，进行空口的传输。

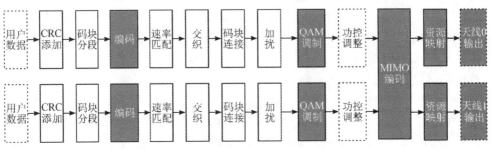

图 1-25   5G 物理层发送端的信号处理流程图

5G 物理层发送端的主要节点功能描述如下：

(1) 编码：在 eMBB 场景中，控制信道使用 Polar 码编码，业务信道使用 LDPC(Low Density Parity Check Codes，低密度奇偶校验码)码编码。

(2) 速率匹配：将编码后比特数与实际可供传输资源数量对齐。

(3) 交织：为了对抗信道中的衰落而进行的编码顺序的调换，比特总数不变。

(4) 码块连接：按顺序连接不同码块速率匹配和交织后的输出。

(5) 调制：更高阶的调制方式使每符号携带的比特数更大，从而实现更高的传输速率。

(6) 功控调整：补偿不同距离下的链路损耗，使得接收机的接收电平维持在一个稳定的水平。

(7) MIMO 编码：包括层映射和预编码，层映射把码字映射到多个层，预编码是经过加权，使数据流映射到天线端口。

(8) 资源单元映射：把预编码后的复值符号映射到虚拟资源块上的没有其他用途的资源单元上。经过空口传输后的数据到达接收端，接收端采用解码、解调等一系列逆操作恢复原始数据。

1.5.3　5G 帧结构及物理资源

1. 帧结构

与 LTE 一致，5G NR 每个无线帧由 10 个子帧组成，每个子帧长为 1 ms，无线帧长度为 10 ms，编号范围为 0～1023。每个无线帧被分成两个大小相等的半帧，每个半帧包含五个子帧，一个无线帧内的子帧编号范围为 0～9。无线帧和子帧的长度固定，从而允许更好地保持 LTE 与 NR 共存。

与 LTE 不同的是，5G NR 定义了灵活的子构架，时隙和字符长度可根据子载波间隔灵活定义。如表 1-5 所示，当 μ 取值不同时，对应的每个子帧包含的时隙数也不相同，并呈现 2 的幂次方增长规律。每个时隙对应的符号数在普通循环前缀情况下为 14 个符号，在扩展循环前缀情况下为 12 个符号。

表 1-5　常规 CP 情况下的时域资源对应关系

子载波配置 μ	子载波宽度 $2^{\mu} \times 15$ kHz	每时隙符号数	每帧时隙数	每子帧时隙数
0	15	14	10	1
1	30	14	20	2
2	60	14	40	4
3	120	14	80	8
4	240	14	160	16
5	480	14	320	32

注：CP—Cyclic Prefix(循环前缀)。

当 $\mu = 2$ 时，子载波宽度为 60 kHz，每个无线帧的时隙数为 40 个，每个子帧具有四个时隙。$\mu = 2$ 时的 5G 帧结构如图 1-26 所示，其上侧是无线帧的固定架构，下侧是根据子载波间隔不同而不同的灵活架构。

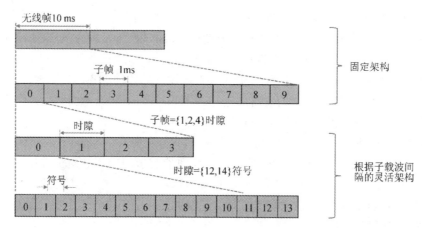

图 1-26 $\mu=2$ 时的 5G 帧结构

图 1-27 呈现了子载波间隔为 15 kHz、30 kHz、60 kHz 时的帧结构和对比情况，子载波间隔越大，包含的时隙数越大，TTI(Transport Time Interval，传输时间间隔)越小。

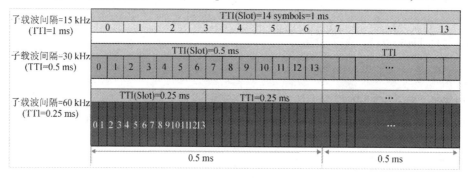

图 1-27   灵活帧结构示意图

NR 支持多种时隙格式，不同的时隙格式类似于 LTE 中不同的 TDD 上下行子帧配比。不同之处在于，在 NR 的时隙格式中，上下行分配是 OFDM(Orthogonal Frequency Division Multiplexing，正交频分复用)符号级别的。一个时隙内 OFDM 符号分为 Uplink 上行符号与 Downlink 下行符号，如图 1-28 所示。其中：标记为 D 的符号用于下行传输；标记为 U 的符号用于上行传输；标记为 X 的时隙为 Flexible slot(灵活时隙)，既可用于下行传输，也可用于上行传输；GP(Guard Period，保护时间)是预留资源。

NR 支持全下行传输时隙、全上行传输时隙和"混合"传输时隙。时隙格式分为以下四种：

(1) Type1：全下行，DL-only slot。

(2) Type 2：全上行，UL-only slot。

(3) Type 3：全灵活资源，Flexible-only slot。

(4) Type4：至少一个上行或下行符号，其余灵活配置。

Type3 和 Type4 为"混合"传输时隙，其结构类似于 LTE 中特殊子帧的结构。在 3GPP 协议中，NR 引入了自包含时隙的概念，分为下行和上行两种自包含时隙。

(1) 下行自包含时隙。同一个时隙中包含下行数据以及对应的 HARQ 反馈、SRS (Sounding Reference signal，探测参考信号)等上行控制信息。

（2）上行自包含时隙。同一个时隙包含 UL (Uplink，上行链路) 数据以及对 UL 的调度信息。

图 1-28(a)中 Type4-3、Type4-4 和 Type4-5 都属于自包含时隙，特点是同一时隙内包含 DL(Downlink，下行链路)、UL 和 GP。图 1-28(b)为自包含时隙示意图，左边为下行自包含时隙，右边为上行自包含时隙，图中白色方块为保护时隙 GP。自包含时隙的设计目标是缩短上下行数据传输的 RTT(Round Trip Time，环回时间)时延。

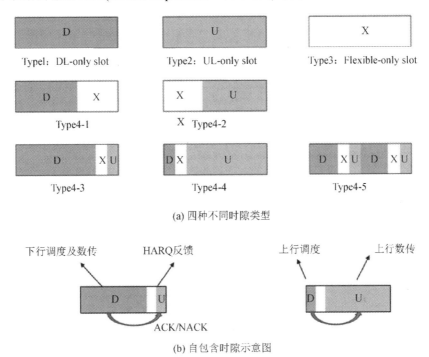

(a) 四种不同时隙类型

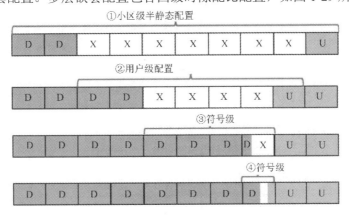

(b) 自包含时隙示意图

图 1-28　不同的时隙格式

NR 支持多种时隙配比方案，基站可以通过多层嵌套配置或独立配置完成时隙分配，实现动态时隙配比调整。与 LTE 相比，NR 增加了 UE 级配置，灵活性高，资源利用率高，其具体配置信息如下：

（1）多层嵌套配置。多层嵌套配置包含四级时隙配比配置，如图 1-29 所示。

图 1-29　NR 时隙多层配置示意图

① 第 1 级配置：通过系统消息进行小区级半静态配置，支持有限的配比周期选项，通过 RRC 信令实现 DL/UL 资源的灵活静态配置，将子帧 0、1 固定为全下行，子帧 9 固定为全上行，子帧 2～8 为灵活时隙格式，可在其他级别配置中设定。

② 第 2 级配置：通过用户级 RRC 消息进行配置，将第 1 级配置中被设定为灵活时隙格式的子帧 2、3 配置为全下行，子帧 8 配置为全上行。

③ 第 3 级配置：通过 UE-group 的 DCI(Downlink Control Information，下行控制信息)中的 SFI(Slot Format Indicator，时隙格式指示)指示进行配置。

④ 第 4 级配置：通过 UE-specific 的 DCI 进行配置，第 3 级和第 4 级配置为符号级配置。

(2) 独立配置。独立配置采用命令方式进行小区级半静态配置，并通过系统消息 RRC Configuration(RRC 配置)通知 UE，如图 1-30 所示。

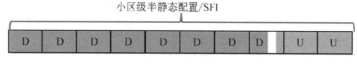

图 1-30　NR 时隙独立配置示意图

2. 物理资源

NR 在时域中的资源包括无线帧、子帧、时隙和符号，无线帧是基本的数据发送周期，子帧是上下行时域资源的分配单位，时隙是数据调度和同步的最小单位，符号是最小时间单元和调制的基本单位。NR 在频域中的资源包括 RE、RG、RB、REG、CCE 和 RBG，详细描述如下：

(1) RE(Resource Element，资源单元)：物理层资源的最小粒度，时域大小为一个 OFDM 符号，频域上为一个子载波，如图 1-31 所示。

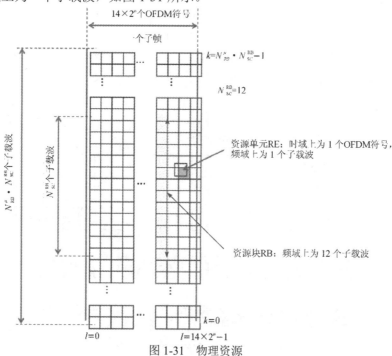

图 1-31　物理资源

(2) RG(Resource Grid，资源组)：上下行分别定义 [每个 Numerology(参数集)都有对应的 RG 定义]，时域上为一个子帧，频域上可包含传输带宽内可用 RB 资源。

(3) RB(Resource Block，资源块)：数据信道资源分配的基本调度单位，用于资源分配 Type1，频域上为 12 个连续子载波。

图 1-31 展现了一个子帧 $14 \times 2^{\mu}$ 个 OFDM 符号。其中，横向表示时域，纵向表示频域，一个 RE 对应一个方格，时域上为一个符号，频域上为一个子载波，一个 RB 包括 12 个 RE，一个子帧包含有 $N_{RB}^{\mu} \cdot N_{SC}^{RB}$ 个子载波，子载波带宽根据 μ 的取值而定。在一个子帧中，常规 CP 时为 $14 \times 2^{\mu}$ 个 OFDM 符号，扩展 CP 时为 $12 \times 2^{\mu}$ 个 OFDM 符号。

N_{RB}^{μ} 是每个下行子帧含有的资源块个数，取决于小区中的下行传输带宽的配置和 μ 的取值，N_{SC}^{RB} 为一个 RB 中子载波的个数，若一个 RB 中子载波的个数 NA = 12，且在 μ 的取值为 0 的情况下，则每个 RB 的带宽为 12 × 15 kHz = 180 kHz。

(4) REG(RE Group，资源单元组)：控制信道资源分配的基本调度单位，用于资源分配 Type0，时域上为一个符号，频域上可选 {2，4，8，16}个 RB。

(5) CCE(Control Channel Element，控制信道单元)：控制信道资源分配的基本调度单位，频域上一个 CCE 包含六个 REG。

(6) RBG(RB Group，资源块组)：数据信道资源分配的基本调度单位，用于资源分配 Type0，频域上可选{2，4，8，16}个 RB。

除上述与 4G 类似的频域资源外，NR 标准还提出了一个新的概念 BWP(Bandwidth Part，部分带宽)，是网络侧给 UE 分配的一段连续的带宽资源，它是 5G 网络中 UE 接入 NR 网络的必备配置，是 UE 级概念，不同的 UE 可配置不同的 BWP，UE 的所有信道资源配置均在 BWP 内进行分配和调度。BWP 是小区总带宽的一个子集带宽，通过 NR 中的带宽自适应灵活调整 UE 接收和发送带宽的大小，使得 UE 接收和发送带宽不需要与小区的带宽一样大。

图 1-32 中的场景 1 应用于小带宽能力 UE 接入大带宽网络，gNodeB 指示 BWP 的位置，位置可灵活设置，因此增加了调度的灵活性；在场景 2 中，在 UE 处于低活动期间时，

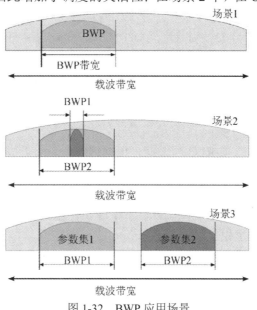

图 1-32　BWP 应用场景

gNodeB 可以通过高层信令或 DCI 指示增大或缩小 UE 的带宽(BWP)，此时可节省 UE 的功率，达到省电效果；在场景 3 中，gNodeB 可指示 UE 改变子载波间隔，配置不同 Numerology，可以灵活承载不同的业务。

Numerology 是 OFDM 系统的基础参数集合，包含子载波间隔、循环前缀、TTI 长度和系统带宽等。为了支持多种多样的部署场景，适应从低于 1 GHz 到毫米波的频谱范围，NR 引入了灵活可变的 OFDM Numerology，如图 1-33 所示。5G NR 采用可变 Numerology，与 LTE 相比，资源配置更加灵活，可支持更多业务，适应多种场景。NR 的子载波间隔是以 LTE 的 15 kHz 为基础，按照 2 的幂次方进行扩展(即 $\Delta f = 2^n \times 15$ kHz)，得到一系列的 SCS(Sub-carrier Space，子载波间隔)，以适应不同业务需求和信道特征。灵活 Numerology 可用于以下多种场景：

(1) 低时延场景。子载波间隔越大，对应的时隙时间长度越短，可以缩短系统的时延。

(2) 高速移动场景。通过增大子载波间隔，可以提升系统对频偏的鲁棒性。

(3) 广覆盖场景。子载波间隔越小，对应的 CP 长度就越大，支持的小区覆盖半径也就越大。

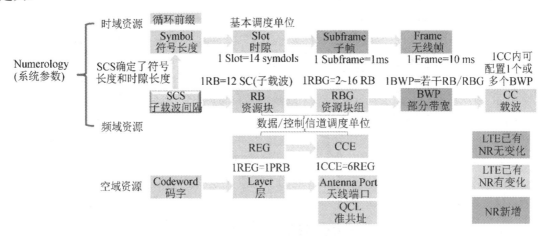

图 1-33　灵活可变的 OFDM Numerology 示意图

1.5.4　5G 空口信道结构

与传统网络一致，在 NR 中 MAC 层通过逻辑信道为 RLC 层提供服务，物理层以传输信道的形式为 MAC 层提供服务，物理信道是信号实际传输的通道。

逻辑信道存在于 MAC 和 RLC 层之间，根据携带信息的类型定义每个逻辑信道类型，一般分为控制信道和业务信道两种类型。NR 中逻辑信道的信息如表 1-6 所示。传输信道存在于 MAC 层和物理层 PHY 之间，根据传输数据类型和空口上的数据传输方法进行定义，传输信道上的数据被组织成传输块，在每个 TTI 中，传输块通过天线发送到终端或由终端发出。每个传输块都有一个相关联的 TF(Transport Format，传输格式)，TF 包括传输块的大小、调制编码方式以及天线映射的信息。NR 中传输信道的信息如表 1-7 所示。物理信道负责编码、调制、多天线处理以及从信号到合适物理时频资源的映射。NR 中物理信道的信息如表 1-8 所示。

表 1-6　NR 中的逻辑信道

信道类型	信道名称	功能描述
控制信道	BCCH(Broadcast Control Channel,广播控制信道)	gNodeB 用来发送系统消息(System Information,SI)的下行信道
	PCCH(Paging Control Channel,寻呼控制信道)	gNodeB 用来发送寻呼信息的下行信道
	CCCH(Common Control Channel,公共控制信道)	用于建立 RRC 连接(也被称为信令无线承载,即 Signaling Radio Bearer,简称 SRB)。SRB 包括 SRB0、SRB1 和 SRB2,其中 SRB0 映射到 CCCH
	DCCH(Dedicated Control Channel,专用控制信道)	提供双向信令通道
业务信道	DTCH(Dedicated Traffic Channel,专用传输信道)	一对一信道,存在于上下行链路中,其指向一个 UE,用于传输 UE 的业务数据,工作模式为 RLC AM 或 RLC UM

表 1-7　NR 中的传输信道

信道类型	信道名称	功能描述
下行信道	BCH(Broadcast Channel,广播信道)	固定格式的信道,每帧一个 BCH,承载系统消息中的主信息块 MIB
	DL-SCH(Downlink Shared Channel,下行共享信道)	承载下行数据和信令(大部分系统信息)的主要信道,支持动态调度和动态链路自适应调整。利用 HARQ 技术来提高系统性能
	PCH(Paging Channel,寻呼信道)	承载 PCCH,即寻呼消息。使用不连续接收 DRX 技术延长手机电池待机时间
上行信道	UL-SCH(Uplink Shared Channel,上行共享信道)	与下行共享信道类似,支持动态调度(由 eNodeB 控制)和动态链路自适应调整。同样利用 HARQ 技术来提高系统性能
	RACH(Random Access Channel,随机接入信道)	承载的信息有限,需要和物理信道以及前导信息共同完成冲突解决流程

表 1-8　NR 中的物理信道

信道类型	信道名称	功能描述
下行信道	PBCH(Physical Broadcast Channel,物理广播信道)	承载 BCH 信息
	PDCCH(Physical Downlink Control Channel,物理下行控制信道)	承载资源分配信息
	PDSCH(Physical Downlink Shared Channel,物理下行共享信道)	承载 DL-SCH 信息

续表

信道类型	信 道 名 称	功 能 描 述
上行信道	PUCCH(Physical Uplink Control Channel，物理上行控制信道)	承载上行控制和反馈信息，以及发送给 gNodeB 的调度请求
	PUSCH(Physical Uplink Shared Channel，物理上行共享信道)	主要的上行信道，承载上行共享传输信道 UL-SCH、信令、用户数据和上行控制信息
	PRACH(Physical Random Access Channel，物理随机接入信道)	承载随机接入前导

　　信道映射是指逻辑信道、传输信道、物理信道之间的对应关系，这种对应关系包括底层信道对高层信道的服务支撑关系及高层信道对底层信道的控制命令关系。NR 的下行信道和上行信道映射关系分别如图 1-34 和图 1-35 所示。

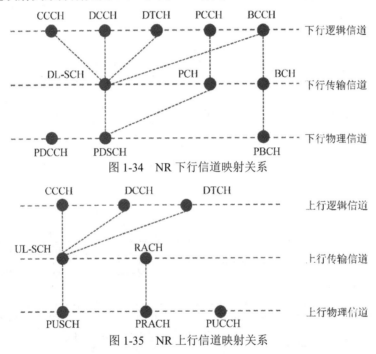

图 1-34　NR 下行信道映射关系

图 1-35　NR 上行信道映射关系

1.5.5　5G 空口下行物理信道/信号

　　物理信道是高层信息在无线环境中的实际承载，是由一个特定的子载波、时隙和天线端口确定的，即在特定的天线端口上，对应的是一系列无线时频资源。NR 下行物理信道包含了 PBCH、PDCCH 与 PDSCH，如图 1-36 所示。相对于 LTE，空口精简了 PCFICH(Physical Control Format Inodicator Channel，物理控制格式指示信道)、PHICH(Physical Hybrid ARQ Indicator Channel，物理混合自动重传指示信道)等信道，PDSCH 增加了 1024QAM(Quadrature Amplitude Modulation，正交振幅调制)方式。

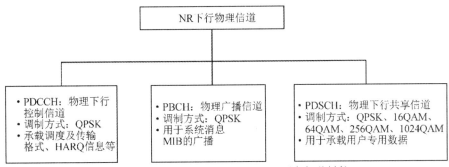

QPSK—Quadrature Phase Shift Keying(正交相移键控)。

图 1-36　NR 下行物理信道

NR 中下行物理层传输的信号都是 CP-OFDM(Cyclic Prefix-Orthogonal Frequency Division Multiplexing，基于循环前缀的正交频分复用)符号。CP-OFDM 为多载波波形，相较于其他的多载波波形如通用滤波 OFDM，其多天线技术的复杂性低，频谱效率高。下行信道信号处理流程如图 1-37 所示，从下行传输信道到物理信道的数据经过一系列的底层处理，最后把数据送到天线端口上，进行空口的传输到达接收端。在业务信道上，目前 5G 支持两个码字，PDSCH 最多支持八层传输，PBCH 与 PDCCH 只支持单层传输，具体信息如表 1-9 所示。

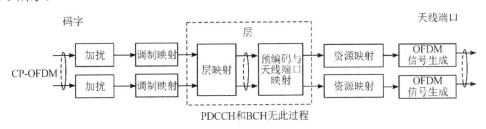

图 1-37　下行信道信号处理流程

表 1-9　下行物理信道信号处理对比

物理信道	信道编码	调制方式	层数	波形
PDSCH	LDPC	QPSK，16QAM，64QAM，256QAM	1~8 层	CP-OFDM
PBCH	Polar	QPSK	1	CP-OFDM
PDCCH	Polar	QPSK	1	CP-OFDM

注：Polar—Polar Code(极化码)的简称。

1. PBCH 信道

物理广播信道用于承载系统消息的 MIB(Master Information Block，主信息块)，里面包含 UE 接入网络中必要的信息如系统帧号、子载波带宽、SIB1 消息的位置等。与 LTE 不同，5G 的 PBCH 信道和 PSS(Primary Synchronization Signal，主同步信号)、SSS(Secondary Synchronization Signal，辅同步信号)组合在一起，在时域上占用连续四个符号，频域上占用 20 个 RB(240 个 RE)，组成一个 SS(Synchronization Signal，同步信号)/PBCH block，简称 SSB(Synchronization Signaling Block，同步信号块)，如图 1-38 所示。

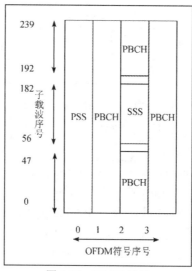

图 1-38 PBCH 结构

2. PDCCH 信道

PDCCH 用于传输来自 L1/L2 的 DCI，主要内容包括以下三种类型：

(1) 下行调度信息 DL assignments，用于 UE 接收 PDSCH。

(2) 上行调度信息 UL grants，用于 UE 发送 PUSCH。

(3) 指示 SFI、PI(Pre-emption Indicator，抢占指示)和功控命令等信息，辅助 UE 接收和发送数据。

PDCCH 传输的信息为 DCI，不同内容的 DCI 采用不同的 RNTI(Radio Network Temporary Indentifier，无线网临时标识)进行 CRC 加扰；UE 通过盲检测来解调 PDCCH；一个小区可以在上行和下行链路中同时调度多个 UE，即一个小区可以在每个时隙发送多个调度信息。每个调度信息在独立的 PDCCH 上传输，也就是说，一个小区可以在一个时隙上同时发送多个 PDCCH。小区 PDCCH 在时域上占据 1 个时隙的前几个符号，最多为三个符号，时隙结构如图 1-39 所示(图中示例占两个符号)。

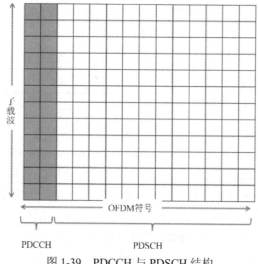

图 1-39 PDCCH 与 PDSCH 结构

　　控制信道由 CCE 聚合而成，CCE 是 PDCCH 传输的最小资源单位，一个 CCE 由六个 REG 组成，一个 REG 的时域宽度为一个符号，频域宽度为一个 RB。

　　聚合等级表示一个 PDCCH 占用的连续 CCE 个数，Rel-15 支持 CCE 聚合等级为{1，2，4，8，16}，其中 16 为 NR 新增的 CCE 级别。

　　gNodeB 根据信道质量等因素来确定某个 PDCCH 使用的聚合等级，如表 1-10 所示。

表 1-10　PDCCH 聚合等级

聚合等级	CCE 数量
1	1
2	2
4	4
8	8
16	16

　　在 LTE 中，PDCCH 资源相对固定，频域为整个带宽，时域上为 1~3 个符号，而 5G 中的 PDCCH 时域和频域的资源都是灵活的，要比 LTE 的复杂一些。因此 NR 中引入了 CORESET(Control Resource SET，控制资源集)，即通过 PDCCH 信道所占用的物理资源的集合来定义 PDCCH 的资源，CORESET 主要指示 PDCCH 占用的符号数、RB 数以及时隙周期和偏置等。

　　在频域上，COREST 包含若干个 RB(最少为 6 个)；在时域上，包含的符号数为 1~3 个。每个小区可以配置多个 CORESET，每个 CORESET 都有编号。其中，CORESET0 用于 RMSI(Remaining Minimum System Information，剩余最小系统信息)的调度。UE 获取了 MIB 后，还需要获得一些必备的系统消息，这些系统消息就被称为 RMSI，UE 可从 RMSI 中获取小区的相关信息。

3. PDSCH 信道

　　PDSCH 用于承载多种传输信道，如 PCH 和 DL-SCH 用于传输寻呼消息、系统消息(SIB)、UE 空口控制面信令及用户面数据等内容，具体在时隙结构中的位置如图 1-39 中的白色方块所示，占用其他信道不使用的时频资源。

　　PDSCH 信道的 PHY 层处理过程包括以下五个重要步骤：

　　(1) 加扰。扰码 ID 由高层参数进行用户级配置，不配置时的缺省值为小区 ID(Identity，身份标号)。

　　(2) 调制。调制编码方式表格由高层参数 mcs-Table(编码策略表格)进行用户级配置，指示最高阶为 64QAM 或 256QAM。

　　(3) 层映射。将码字映射到多个层上传输，单码字映射到 1~4 层，双码字映射到 5~8 层。

　　(4) 预编码/加权。预编码/加权模块将多层数据映射到各发送天线上；加权方式包括基于 SRS 互易性的动态权，基于反馈的 PMI(Precoding Matrix Indication，预编码矩阵指示)权或开环静态权；传输模式只有一种，加权对终端透明，即 DMRS(Demodulation on Reference Signal，解调参考信号)和数据经过相同的加权。

(5) 资源映射。时域资源分配由 DCI 中的 Time domain resource assignment(时域资源分配)字段指示起始符号和连续符号数；频域资源分配支持 Type0 和 Type1，由 DCI 中的 Frequency domain resource assignment(频域资源分配)字段指示。

4. 下行物理信号

物理信号是物理层产生并使用的、有特定用途的一系列 RE。物理信号并不携带从高层来的任何信息，它们对高层而言不是直接可见的，即不存在高层信道的映射关系。5G 下行方向上定义了两种物理信号：RS(Reference Signal，参考信号)和 SS。如表 1-11 所示，5G 的下行物理信号由同步信号/辅同步信号、解调参考信号、信道状态指示参考信号以及相位跟踪参考信号四部分组成。

表 1-11　5G 下行物理信号

信号名称	信号作用
PSS/SSS	主同步信号/辅同步信号
DMRS	解调参考信号
CSI-RS	信道状态指示参考信号
PT-RS	相位跟踪参考信号，用于高频场景

注：CSI-RS—Channel-State Information Reference Signal(信道状态指示参考信号)；PT-RS—Phase Tracking Reference Signal(相位跟踪参考信号)。

同步信号 PSS 和 SSS 的作用如下：

(1) UE 用其进行下行同步，包括时钟同步、帧同步和符号同步。

(2) 获取小区的 PCI，在 NR 中将 PCI 分成了三组，每组 336 个 PCI，总共有 1008 个 PCI，是 LTE 中的两倍，取值范围为 0～1007。

PBCH 和 PSS/SSS 作为一个整体出现，统称为 SSB。与 LTE 不同，PSS/SSS 可以灵活配置，不需要配置在载波的中心频点处，可以配置在载波的任意一个位置。如图 1-38 所示，在时域上，PBCH 和 PSS/SSS 共占用四个连续符号，在频域上，PBCH 和 PSS/SSS 占用连续 240 个子载波。其中 PSS 和 SSS 占用四个连续符号中的符号 0 和 2，占用 240 个子载波中的中间连续的 127 个 RE；PBCH 占用符号 1 和符号 3 的全部的 240 个 RE，以及符号 2 中的 0～47RE 和 192～239 RE。

每个 SSB 都能够独立解码，并且当 UE 解析出来一个 SSB 之后，就可以获取小区的 ID、SFN、SSB Index(类似于波束 ID)等信息；对于 Sub3G 频段，定义最大的四个 SSB；对于 Sub3G～Sub6G 频段，定义最大的八个 SSB；对于 Above 6G，定义最大的 64 个 SSB。每个 SSB 都有一个唯一的编号(SSB Index)。对于低频，这个编号信息直接从 PBCH 信道的导频中获取；对于高频，低于 3bit 的从 PBCH 导频信号中获取，高于 3 bit 的从 MIB 信息中获取。可以通过 SIB1 配置 SSB 的网络的广播周期：5 ms、10 ms、20 ms、40 ms、80 ms 和 160 ms。

下行参考信号 RS 本质上是一种伪随机序列，不含任何实际信息。这个随机序列通过时间和频率组成的资源单元 RE 发送出去。在接收端解调参考信号用于信道估计，帮助 UE 对控制信道和数据信道进行相干解调，NR 有三种不同的解调参考信号，分别用于 PBCH、PDCCH 和 PDSCH 的相干解调。

CSI-RS 用于信道质量测量和时频偏移追踪，这对于提升无线系统总体性能非常重要。通过对 CSI-RS 的测量，UE 可以进行 CSI(Channel State Information，信道状态信息)上报，基站获得 CSI 信息后，可以根据信道质量调整 MCS(Modulation and Coding Scheme，调制编码方案)进行 RB 资源分配；可以进行波束赋形，提高速率；还可以进行 MU-MIMO(Multiple User Multiple-Input Multiple-Output，多用户复用)，提升小区的整体吞吐量等。

PT-RS 是 5G 新引入的参考信号，用于跟踪相位噪声的变化，主要用于高频段。

1.5.6　5G 空口上行物理信道/信号

5G 上行物理信道包含了 PUSCH、PUCCH 与 PRACH，信道信息如图 1-40 所示。5G 物理上行信道的数量和配置与 LTE 的相同，但其 PUSCH 的调制方式比 LTE 的增加了 256QAM。

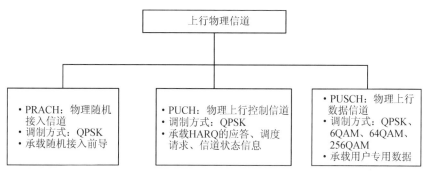

ACK—Acknowledgement(确认)；NACK—Negative Acknowledgement(非确认)。

图 1-40　5G 上行物理信道

1. PRACH 信道

随机接入信道主要用于 UE 发送随机接入前导，从而与基站完成上行同步，并请求基站分配资源。随机接入的过程可用于各种场景，如初始接入、切换和重建等。同其他 3GPP 系统一样，NR 提供基于竞争和基于非竞争的接入。物理随机接入信道传送的信号是 ZC(Zadoff-Chu，Zadoff 和 Chu 两个共同发明人)序列生成的随机接入前导。

PRACH 前导由 CP 与 Preamble(前导)序列两部分组成，按照序列长度，分为长序列和短序列两类前导。长序列沿用 LTE 设计方案，共四种格式，不同格式下支持最大小区半径和典型场景如表 1-12 所示。

表 1-12　长序列 Preamble 码格式

Format	序列长度	子载波间隔/kHz	时域总长/ms	占用带宽/MHz	最大小区半径/km	典型场景
0	839	1.25	1.0	1.08	14.5	低速/高速常规半径
1	839	1.25	3.0	1.08	100.1	超远覆盖
2	839	1.25	3.5	1.08	21.9	弱覆盖
3	839	5.0	1.0	4.32	14.5	超高速

短序列为 NR 新增格式，在规范 Rel-15 中共有九种格式，Sub6G 频段子载波间隔支持 {15，30}kHz，above6G 频段子载波间隔支持{60，120}kHz，具体如表 1-13 所示。

表 1-13　短序列 Preamble 码格式

Format	序列长度	子载波间隔	时域总长/ms	占用带宽/MHz	最大小区半径/km	典型场景
A1	139	$15 \times 2^\mu$	$0.14/2^\mu$	$2.16 \times 2^\mu$	$0.937/2^\mu$	Small Cell
A2	139	$15 \times 2^\mu$	$0.29/2^\mu$	$2.16 \times 2^\mu$	$2.109/2^\mu$	Normal Cell
A3	139	$15 \times 2^\mu$	$0.43/2^\mu$	$2.16 \times 2^\mu$	$3.515/2^\mu$	Normal Cell
B1	139	$15 \times 2^\mu$	$0.14/2^\mu$	$2.16 \times 2^\mu$	$0.585/2^\mu$	Small Cell
B2	139	$15 \times 2^\mu$	$0.29/2^\mu$	$2.16 \times 2^\mu$	$1.054/2^\mu$	Normal Cell
B3	139	$15 \times 2^\mu$	$0.43/2^\mu$	$2.16 \times 2^\mu$	$1.757/2^\mu$	Normal Cell
B4	139	$15 \times 2^\mu$	$0.86/2^\mu$	$2.16 \times 2^\mu$	$3.867/2^\mu$	Normal Cell
C0	139	$15 \times 2^\mu$	$0.14/2^\mu$	$2.16 \times 2^\mu$	$5.351/2^\mu$	Normal Cell
C2	139	$15 \times 2^\mu$	$0.43/2^\mu$	$2.16 \times 2^\mu$	$9.297/2^\mu$	Normal Cell

注：$\mu = 0 \sim 3$。

2. PUCCH 信道

NR 中的 PUCCH 物理信道用来发送 UCI(Uplink Control Information，上行控制信息)以支持上下行数据传输。UCI 主要包括以下三类信息：

(1) SR：用于上行 UL-SCH 资源请求。

(2) HARQ ACK/NACK：用于 PDSCH 上发送数据的 HARQ 反馈。

(3) CSI：信道状态反馈，包括 CQI(Channel Quality Information，信道质量信息)、PMI、RI(Rank Indication，秩指示)和 LI(Layer Indication，层指示)。

NR 中支持五种格式的 PUCCH，根据 PUCCH 信道占用时域符号长度分为以下两种：

(1) 短 PUCCH：时域上占用 1～2 个符号，包括 PUCCH format 0 和 PUCCH format 2 两种格式。

(2) 长 PUCCH：时域上占用 4～14 个符号，包括 PUCCH format 1、PUCCH format 3 和 PUCCH format 4 三种格式。

format 0 和 format 1 只能传送 2bit 以下的数据，因此只能用于 SR 和 HARQ 反馈，并且支持 SR 和 HARQ 的循环位移复用。format 2 到 format 4 所携带的位数比较多，因此主要用于 CSI 的上报，包括 CQI、PMI、RI 等，也可以用于 SR 和 HARQ 的上报。

3. PUSCH 信道

PUSCH 为上行业务信道，主要承载用户数据和控制信息。3GPP 标准使用 OFDM 作为上行传输的基本传输机制，并把 DFT(Discrete Fourier Transform，离散傅里叶变换)预编码作为可选方案，所以与 PDSCH 不同，PUSCH 可支持两种波形，一种是 CP-OFDM，它支持多流 MIMO；另一种是 DFT-s-OFDM(DFT Spread OFDM，离散傅里叶变换扩展正交频分复用，即单载波波形)，它支持单流，可提升覆盖性能。使用 DFT 预编码可以降低立方度量，使终端可以获得较高的发射功率，这个与 LTE 中的 PUSCH 设计是一致的。以 OFDM 为基础的 CP-OFDM 传输最大可以支持上行四层传输。信号处理流程如图 1-41(a)所示，以 DFT 预编码为基础的 DFT-s-OFDM 传输只能在单层传输中使用，信号处理流程如图 1-41(b)所示。

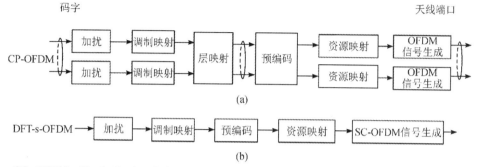

SC-OFDM—Single Carrier-Orthogonal Frequency Division Multiplexing(单载波频分复用)。

图 1-41　PUSCH 信号处理流程

以上两种波形传输的主要差异如表 1-14 所示。CP-OFDM 为多载波波形，给终端分配的频域资源可以是连续或离散的，峰均比较高，适合小区中离基站较近的用户；DFT-s-OFDM 为单载波波形，要求给一个终端分配的频域资源必须是连续的，即要满足单载波连续特性，因此 PAPR(Peak to Arerage Power Ration，峰值平均功率比，简称峰均比)较低，适合小区边缘用户。

表 1-14　CP-OFDM 与 DFT-s-OFDM 的差异

波形	调制方式	码字数	层数	RB 资源分配	峰均比 PAPR	应用场景
CP-OFDM	QPSK、16QAM、64QAM、256QAM	1	1～4	连续/非连续	高	近、中点
DFT-s-OFDM	$\pi/2$-BPSK、QPSK、16QAM、64QAM、256QAM	1	1	连续	低	远点(通过较低的 PAPR 获得功率回退增益)

注：BPSK—Binary Phase Shift Keying(二进制相移键控)。

4. 上行物理信号

上行参考信号 RS 与下行参考信号的实现机制相类似，也是在特定的时频单元中发送一串伪随机码，5G 的上行物理信号由解调参考信号、探测参考信号及相位跟踪参考信号三部分组成，具体如表 1-15 所示。与 LTE 相比，上行增加了 PT-RS 参考信号，用于高频场景下的相位对齐。

表 1-15　NR 上行物理信号

信 号 名 称	信 号 作 用
DMRS	解调参考信号
SRS：Sounding(探测)参考信号	提供给基站作为下行 MIMO 预编码的输入
PT-RS	相位跟踪参考信号，用于高频场景

(1) DMRS(Demodulation Reference Signal，解调参考信号)：用于信道估计，帮助 gNodeB 对控制信道和数据信道进行相干解调。有两种不同的解调参考信号，分别用于 PUSCH 和 PUCCH 信道的相干解调。

(2) SRS(Sounding Reference Signal，探测参考信号)：基站可以利用 SRS 评估上行信道质量，对于 TDD 系统，利用信道互易性，也可以评估下行信道质量。基站除了可以利用 SRS 评估上行、下行信道质量以外，还可以使用 SRS 进行上行波束的管理，包括波束训练、波束切换等。

(3) PT-RS(Phase-Tracking Reference Signals，相位跟踪参考信号)：用于高频场景下的相位对齐。

习　题

一、判断题

1. 2G 网络除了提供语音服务，还可以提供短消息 SMS 业务以及高速数据服务。(　　)
2. 现代移动通信的发展源于贝尔实验室突破性地提出了蜂窝网络的概念。(　　)
3. 基于 5G 网络的高速率、低时延和大连接，5G 网络可以更好地支持垂直行业的应用。(　　)
4. 3GPP 标准化组织负责具体的标准化工作，制定和发布移动通信技术规范和技术报告。(　　)
5. 支撑通信设备厂商生产 5G 通信设备的技术标准是由 IEEE 发布的。(　　)
6. 5G 在 2020 年彻底替换了 4G LTE 网络。(　　)
7. 传统分布式基站基带模块和射频模块是通过馈线相连的。(　　)
8. gNodeB 中 CU 和 DU 之间的接口为 F1 接口。(　　)
9. F1 接口对应的传输是回传。(　　)
10. 5G 核心网元 AMF 主要提供鉴权管理功能。(　　)
11. UDM 网元的功能相当于 4G 网络的 HSS。(　　)
12. 5G 网络核心网是基于 SBA 架构设计的。(　　)
13. 5G 组网模式可以分为 NSA 和 SA 两种。(　　)
14. Option3X 属于 SA 组网模式。(　　)
15. 在 SA 组网模式下，信令可以锚定在 e-NodeB。(　　)
16. 增加带宽可以增加 5G 网络容量和速率。(　　)
17. 高频比低频绕射能力强，穿透能力强。(　　)
18. 5G 网络应用高频通信时，覆盖往往受限于下行。(　　)
19. 5G 网络为了灵活适配差异化的业务场景，网络架构需要进行全云化演进。(　　)
20. 对于 5G NR 来说，一个无线帧长为 1 ms。(　　)

二、单选题

1. 以下不属于第三代移动通信系统的是 (　　)。

A. WCDMA　　　　　B. TD-SCDMA　　　　C. CDMA2000　　　　　　D. UMB

2. 5G 网络，每平方千米可以支持(　　)个连接。

A. 1000　　　　　　B. 10 000　　　　　　C. 100 000　　　　　　D. 1 000 000

3. 在 5G 网络中，要求空中接口的时延达到(　　)。

A. 1 ns　　　　　　B. 1 ms　　　　　　C. 10 ms　　　　　　D. 100 ms

4. 下列关于 5G 协议标准化进程的描述，正确的是(　　)。

A. 5G 协议分为两个阶段：Phase 1 和 Phase 2

B. Rel-16 协议主要聚焦于 eMBB 业务场景的标准化

C. Rel-15 协议主要聚焦于 mMTC 业务场景的标准化

D. Rel-15 协议主要聚焦于 uRLLC 业务场景的标准化

5. 以下不是 3G 标准的是(　　)。

A. WCDMA　　　　　B. CDMA2000　　　　C. CDMA 1X　　　D. TD-SCDMA

6. 5G 网络的首批应用主要聚焦于(　　)。

A. eMBB　　　　　　B. mMTC　　　　　　C. uRLLC　　　　D. ALL

7. 5G 网络中 DU 和 AAU 之间的接口为(　　)。

A. CPRI　　　　　　B. eCPRI　　　　　　C. Xn　　　　　　D. Uu

8. eCPRI 接口是在(　　) 层上进行切分的。

A. RRC　　　　　　B. PDCP　　　　　　C. RLC　　　　　　D. PHY

9. 5G 网络中自动驾驶业务的数据中心应该部署在(　　)。

A. 中心 DC　　　　　B. 区域 DC　　　　　C. 本地 DC　　　　D. 无特定需要

10. 5G 网络中的 PCF 实现了以下哪个 4G 网元的功能？(　　)

A. MME　　　　　　B. S-GW　　　　　　C. PCRF　　　　　D. P-GW

11. 以下哪种业务的数据中心是布放在核心 DC 的？(　　)

A. 4K 直播　　　　　B. VR/AR　　　　　C. 自动驾驶　　　　D. 水、气表

12. Option3a 业务分流在 (　　)。

A. e-NodeB 侧　　　B. 核心网侧　　　　C. gNodeB 侧　　D. LTE 侧

13. Option3X 业务分流在(　　)。

A. 核心网　　　　　B. gNodeB　　　　　C. LTE 侧　　　　D. e-NodeB 侧

14. 5G 无线网络 NG-RAN 中的基站是 gNodeB，gNodeB 之间需要信息交互的接口是(　　)。

A. X2　　　　　　　B. NG　　　　　　　C. Xn　　　　　　D. S1

15. 电信运营商未来网络的核心架构是(　　)。

A. DC　　　　　　　B. SBA　　　　　　C. EPC　　　　　　D. LTE

16. 5G 基带实时部分是(　　)。

A. AAU　　　　　　B. CU　　　　　　　C. DU　　　　　　D. BBU

三、多选题

1. 下列关于移动通信系统的说法正确的有(　　)。

A. 数字通信技术始于 2G

B. 移动通信系统向支持更高移动速率及更高下载速率演进

C. 国内三大运营商商用的 2G 技术有 GSM 和 CDMA

D. LTE 全称为 Long time Evolution

2. 基于移动网络的发展趋势，5G 网络将出现的新特点包括(　　　)。

A. 更高的速率

B. 更强的网络连接能力

C. 更低的时延

D. 更复杂的网络架构

3. 5G 的三大应用场景包括(　　　)。

A. eMBB　　　　　　B. eMTC　　　　　　C. mMTC　　　　　　D. uRLLC

4. F1 接口的上下两层协议层分别是(　　　)。

A. RRC　　　　　　B. PDCP　　　　　　C. RLC　　　　　　D. MAC

5. CU 和 DU 分离的必要性有(　　　)。

A. 降低前传带宽　　　　　　　　　　B. 降低 CN 的信令开销和复杂度

C. 增加了 RAN 侧功能的弹性　　　　D. 增加了无线网络的安全性

6. 承载传输一般可以分为(　　　)。

A. 核心层　　　　　　B. 汇聚层　　　　　　C. 接入层　　　　　　D. 区域层

7. 5G 核心网的特性有(　　　)。

A. 全融合原生云化　　B. CUPS　　　　　　C. 网络切片　　　　　D. SBA

8. 以下属于 NSA 组网的有(　　　)。

A. Option3a　　　　　B. Option3　　　　　C. Option2　　　　　D. Option7

9. 以下属于 SA 组网的有(　　　)。

A. Option2　　　　　B. Option3　　　　　C. Option4　　　　　D. Option3X

10. 以下属于上行物理信道的是(　　　)。

A. PUSCH　　　　　B. PRACH　　　　　C. PDSCH　　　　　D. PDCCH

11. 5G 组网可以用的频段有(　　　)。

A. 2.6GHz　　　　　B. 3.5GHz　　　　　C. 4.8GHz　　　　　D. 毫米波

12. 5G 云化网络架构的核心技术有(　　　)。

A. ICIC　　　　　　B. NFV　　　　　　C. SDN　　　　　　D. HARQ

第 2 章　5G 关键技术

2.1　频谱效率提升技术

频谱是移动通信中十分宝贵的资源，ITU-R(International Tecommunication Union-Radiocommunication Sector，国际电联无线电通信部门)在全球范围内对国际无线电频谱资源进行管理。随着通信系统的不断发展和逐步部署，可用于移动通信的中低频频谱资源已经成为稀缺资源。为了满足不断发展的移动业务需求和不断增长的速率需求，5G 除了开拓更高频段(6 GHz 以上)的频谱资源，还在不断探索增强频谱利用效率的有效途径，采用了新的多址技术与双工方式，引入了更高阶高效的调制编码技术，更先进的多天线技术等来提升频谱效率。

2.1.1　非正交多址技术

多址接入技术对于移动通信系统的意义非常重大，是系统中信号传输的基础。1～4G 系统中分别采用了 FDMA、TDMA、CDMA 和 OFDMA 技术，这些技术使接收端信号的检测复杂度大大降低。为了满足 5G 高频谱效率和高连接数目的需求，采用了多个用户在相同资源上重叠发送的技术，即 NOMA(Non Othogonal Multiple Access，非正交多址)技术，在接收端采用更复杂的检测算法实现用户的正确检测。

在 OMA(Othogonal Multiple Access，正交多址)技术中，只能为一个用户分配单一的无线资源，如按频率分割或按时间进行分割，而 NOMA 技术可将一个资源分配给多个用户。在某些场景中，如远近效应场景和广覆盖多节点接入场景，特别是上行密集场景，采用功率复用的非正交多址方式较传统的正交多址有明显的性能优势，更适合未来系统的部署。

目前，非正交多址有多种方案，研究较多的是 PD-NOMA(Power-domain Nonorthogonal Multiple Access，基于功率域的非正交多址技术)。此外，还有各大通信公司研究的基于码域的多路复用技术。国内的新多址技术以 SCMA(Sparse Code Multiple Access，稀疏码分多址接入)、MUSA(Multi-user Shared Access，多用户共享接入)、PDMA(Pattern Division Multiple Access，图样分割多址接入)这三种为主。

1. PD-NOMA 技术

PD-NOMA 是从功率域区分不同用户的信息的。在发射端，每个用户分配不同的功率，在接收端可以利用 SIC(Successive Interference Cancellation，串行干扰消除技术)提取信号信息。假设一个基站为 K 个用户提供服务，那么每个接收机的下行信号可以表示为

$$y = \sum_{i=1}^{K} \sqrt{p_i} h_i s_i + n$$

（2-1）

式中，s_i 为发射信号，p_i 为系统功率，h_i 为信道状态的信息，n 表示噪声。

如图 2-1 所示，对于两用户的 PD-NOMA 系统而言。在接收端采用 SIC 接收机分离信号中的信息时，首先把用户 2 看作噪声，解调出用户 1 的信息，其次利用接收端的信号 y 减去用户 1 的信息，最终解调用户 2 的信息。

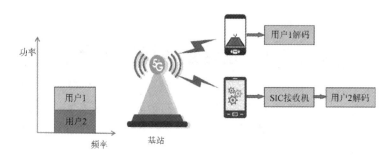

图 2-1　PD-NOMA 原理示意图

2. SCMA 技术

SCMA(Sparse Code Multiple Access，稀疏码分多址接入)技术是华为公司推出的非正交多址技术，该技术是一种码域非正交多址接入技术，其本质思想是发送端来自一个或多个用户的多个数据层，SCMA 将通过低密度扩频技术和多维调制技术相结合，为用户选择最优的码本集合，通过码域扩频和非正交叠加在同一时频资源单元中发送。接收端采用消息传递算法进行低复杂度的多用户联合检测，并通过线性解扩和串行干扰删除接收机分离出同一时频资源单元中的多个数据，最后结合信道译码完成多用户信息的恢复。

SCMA 在多址方面主要结合低密度扩频和 F-OFDM(Filtered-Orthogonal Frequency Division Multiplexing，自适应正交频分复用技术)两项重要的多址技术，通过联合优化中的 F-OFDM 调制器和线性稀疏扩频，根据设计好的码本集合将数据比特直接映射为码字。F-OFDM 是基于子带滤波的 OFDM，与传统的 OFDM 系统相比，F-OFDM 将频带划分为多个子带，在收发两端都有子带滤波器。如图 2-2 所示，F-OFDM 技术中每个子带可根据实际的业务需求配置不同的参数，灵活配置所需子载波物理带宽、符号周期长度、保护间隔/循环前缀长度等关键技术参数。

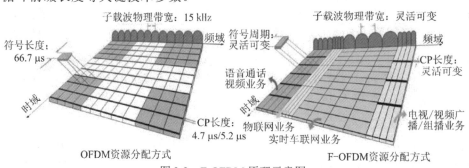

图 2-2　F-OFDM 原理示意图

因此，SCMA 由于其码本设计上的灵活性和适用场景的多样性，得到广泛关注。SCMA 的稀疏码技术和 F-OFDM 技术是其重要的优势，该技术既可快速地从码域中分离出用户信号，又能很好地适应 5G 的多样性。

3. MUSA 技术

MUSA(Multi-user Shared Access，多用户共享接入)技术是中兴电信公司提出的非正交多址方案，支持免调度传输，可以在低成本、低功耗下实现大量用户的过载通信。相比于 CDMA 系统采用的长伪随机序列扩频，MUSA 采用低互相关的复数域进行调制扩频，降低了系统的复杂度。如图 2-3 所示，首先，各接入用户使用基于 SIC 接收机的、具有低互相关的复数域多元短码序列对其调制符号进行扩展，然后各用户扩展后的符号可以在相同的时频资源里发送，最后接收端使用线性处理加上码块级 SIC 来分离各用户的信息。

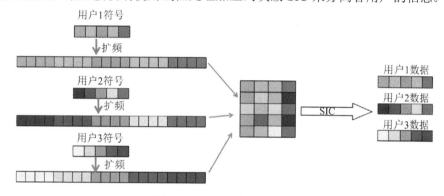

图 2-3　MUSA 原理示意图

在 MUSA 原理框架下，各用户随机选取码组序列，用户信号通过低互相关的复数域多元码序列进行调制扩频，然后将其调制符号扩展至相同的时频资源块。MUSA 与第三代通信系统技术的不同点在于它将扩频序列设计为复数域。假若所选择的复数实部和虚部都是 $\{1, -1\}$，则每个用户可以随机选择集合 $\{1 + i, 1 - i, -1 + i, -1 - i\}$ 中的一种作为扩频序列。采用这种方式，对于一个长度为 L 的扩频序列，扩频的序列可以达到 4L。

MUSA 技术的实现难度较小，技术原理简单，并且系统的复杂度可控。MUSA 还可以支持真正的免调度接入，免除资源调度过程，并简化同步、功控等过程，从而能极大地节省系统信令的开销、降低接入时延、简化终端的实现、降低终端的能耗，适合作为 5G 海量接入场景的解决方案。

4. PDMA 技术

PDMA(Pattern Division Multiple Access，图样分割多址技术)是大唐电信公司提出的新型非正交多址接入技术。在发射端给每个用户分配不同的"图样"，将用户所在的时域、频域、功率域或空域的信息等进行多维度扩展。在采用 SIC 检测时，多用户会因为检测顺序不同，从而使得系统的分集度不同。为了保证用户性能的公平性，使每个用户都能获得基本一致的分集度，即每个用户性能不会有太大的差别，需要设计灵活的特征图样矩阵。每个用户的图样是一个二进制向量，其维度是每个符号占据的资源数，"1"代表该用户信息映射到此资源的位置，"0"代表在此资源的位置上不发送该用户信息。PDMA 图样中每一列中"1"的个数表示相应用户的发送分集度，也就是将本用户的信息分散到多个独立的副本上进行发送。PDMA 技术利用信号的分集度提升系统的可靠性,其编码原理如图 2-4 所示。

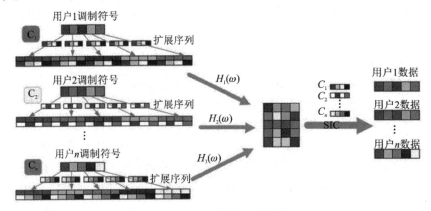

图 2-4　PDMA 工作原理示意图

2.1.2　新型双工技术

根据 ITU-R 的定义,双工是指一种工作模式,它允许在两点间同时在两个方向上传送信息。在无线通信中,最典型的是频分双工 FDD 和时分双工 TDD,FDD 采用两个不同的频率用于发射和接收;TDD 上、下行链路采用同一射频,并用时间进行分割。FDD 和 TDD 两种双工方式各有特点,FDD 在高速移动场景、广域连续组网和上下行干扰控制方面具有优势,而 TDD 在突发数据传输、频率资源配置及信道互易特性对新技术的支持等方面具有优势。传统网络只能用一种双工模式,无法适应多变的网络环境需求,5G 采用新型双工技术来适应复杂的网络环境。

1. 灵活的双工技术

灵活双工技术能够根据上下行业务变化情况动态分配上、下行资源,有效提高系统资源利用率。采用灵活双工技术,可灵活设置或调整上、下行频谱、时隙的比例,以适应上、下行不同业务带宽的要求。对于 FDD 系统,将上行频带配置为灵活频带以适应上、下行非对称的业务需求,上行链路频带可用时域方式分配,用于上行链路或下行链路。在 TDD 系统中,对每一小区,按业务需要,分配上、下行时隙比,一些原来作为上行的时隙,可用于下行。

灵活的双工就是动态地分配使用频率或时间资源。为了既能灵活分配,又具有标准化,需要对频谱(带宽)和时间(帧)作进一步的划分。5G NR 采用可变 Numerology,可设置不同子载波带宽,并且支持多种时隙格式,有利于灵活双工方式的实现。根据业务需要,可以动态地配置 DL/UL 的混合比例,这时在传输格式中,设置一时隙帧指示(SFI),通知用户 OFDM 符号中是否包含 DL、UL 或二者都有。

2. 全双工技术

全双工是指收发双方在同一个时频资源进行数据传输,发送端把信息传递给接收端,接收端进行相关干扰消除运算,实现同时收发,也称同频同时全双工技术。全双工技术在相同的载波频率上同时收发数据,理论上较现有的技术可提高一倍的频谱效率。

实现全双工的首要挑战是解决自干扰问题。对基站或用户终端来说,同频收发的强大的发射信号将会通过某些途径进入接收通道,并产生干扰,因为接收机是工作在低电平的,微弱的接收信号会受到发射信号的强干扰,严重时可能无法正常工作。消除自干扰的基本途径是采用图 2-5 所示的自干扰消除电路。将收发天线分开,通过空间分隔,将二者的耦合减少,当要发送信号时,自干扰消除电路将信号分成两路相反的信号,一路用于发射,另一路直接引入到接收端用于消除干扰。通过调整信号的衰减和延迟,再通过反馈控制最小化合并后的信号强度,达到在模拟域对干扰的抑制。

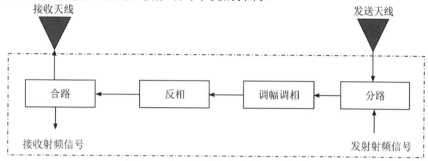

图 2-5 自干扰消除电路原理示意图

数字干扰消除通过在 ADC(Analog to Digital Converter,模数转换器)之后对采样的数字域信号进行信道估计和信号重构,达到消除干扰的目的,数字域干扰消除对降低自干扰的作用是非常重要的。

2.1.3 新型调制与编码

5G 兼容 LTE 调制方式,同时在上下行引入比 LTE 更高阶的调制技术——256QAM,进一步提升频谱效率,5G 与 LTE 采用的调制方式对比如表 2-1 所示。

表 2-1 LTE 与 5G 调制方式对比

链　路	制　式	
	5G	**LTE**
上行	QPSK、16QAM、64QAM、**256QAM**	QPSK、16QAM、64QAM
下行	QPSK、16QAM、64QAM、**256QAM**	QPSK、16QAM、64QAM

引入高阶调制技术 256QAM 主要有以下两大增益:

(1) 提升近点用户的频谱效率,从而提升上下行峰值速率。

(2) 提升小区下行峰值吞吐率。

相对于 64QAM、256QAM 支持每符号携带八个 bit,支持更大的 TBS(Transport Block Set,传输块集)传输,理论峰值频谱效率可提升 33%。相同频谱效率下 256QAM 码率更低,解调可靠性更高。

在信道编码方面,Turbo 码、LDPC 码、Polar(Polar Codes,极化码)码各有千秋,在编码效率上均可以接近或达到香农容量,并且编译码复杂度较低,对芯片的性能和要求都不高。2016 年底,在 3GPP RAN1 87 次会议的 5G 方案讨论中,最终决定使用 LDPC 作为数据信道编码(长码编码),Polar 码成为控制信道编码(短码编码)。

LDPC 码由美国工程院院士 Robert G. Gallager 博士于 1963 年提出,由于当时缺乏可行的译码算法以及其他条件的限制,未能得到广泛应用。1995年前后发现了可行的译码算法,又经过十几年来的研究和发展,LDPC 码的相关技术也日趋成熟。LDPC 码由于其更高的译码吞吐量和更低的译码时延,可以更好地适应高数据速率业务的传输,从而替代 LTE 的 Turbo 码,被采纳为 5G NR 数据的编码方案。LDPC 码是一种校验矩阵密度非常低(即 1 的密度比较低)的线性分组码,核心思想是用一个稀疏的向量空间把信息分散到整个码字中,普通的分组码校验矩阵密度大,采用最大似然法在译码器中解码时,错误信息会在局部的校验节点之间反复迭代并被加强,造成译码性能下降。而 LDPC 的校验矩阵非常稀疏,错误信息会在译码器的迭代中被分散到整个译码器中,正确解码的可能性相应提高,译码性能良好。

LDPC 码性能优异,在 AWGN(Additive White Gaussian Noise,加性高斯白噪声)信道上的性能明显优于 Turbo 码,仿真结果还表明,与其他候选方案相比,高码率的 LDPC 码复杂度最低、性能最好。这些技术优势在促使 LDPC 码被 NR 采纳为 eMBB 数据信道编码方案方面发挥了重要的作用。

Polar 码由土耳其通信技术专家 Erdal Arikan 教授于 2008 年提出,是信道编码理论上的重大突破。从理论上可证明其能通过 $O(NlbN)$ 的编译码复杂度达到离散对称信道的信道容量,并且差错概率上界为 $O(N^{-1/4})$。Polar 码的理论基础是信道极化,信道极化包括信道组合和信道分解部分。当组合信道的数目趋于无穷大时,则会出现极化现象:一部分信道将趋于无噪信道,另外一部分则趋于全噪信道,这种现象就是信道极化现象。无噪信道的传输速率将会达到信道容量 $1(W)$,而全噪信道的传输速率趋于零。Polar 码的编码策略应用了这种现象的特性,利用无噪信道传输用户有用的信息,全噪信道传输约定的信息或者不传输信息。在译码侧,极化后的信道可用简单的逐次干扰抵消译码的方法,以较低的实现复杂度获得与最大似然译码相近的性能。

Polar 码虽然不是我国发明的,但我国的华为公司一直握有极化码的主要专利,并和我国其他的科技厂商一起对它进行推广和应用。中国主导推动的 Polar 码被 3GPP 采纳为 5G eMBB 控制信道的标准方案,是我国在 5G 移动通信技术研究和标准化上的重要进展。Polar 码传输可靠性高,能够减少重传,同时降低信噪比需求以提升覆盖,实测结果证明 Polar 码可以同时满足 ITU 的超高速率、低时延、大连接的移动互联网和物联网三大类应用场景的需求。

2.1.4 多天线技术

1. Massive MIMO

Massive MIMO 技术是指在基站覆盖区域内配置并集中放置的大规模天线阵列,同时将服务分布在基站覆盖区内的多个用户。在同一时频资源上,利用基站大规模天线的空间自由度,可以提升多用户空分复用能力、波束成型能力以及抑制干扰的能力,从而大幅提高系统频谱资源的整体利用率。

MIMO 技术从 LTE 时代主流为 2T2R/4T4R 的 MIMO 提升到 5G 时代主流为 32T32R/64T64R 的 Massive MIMO,如图 2-6 所示。Massive MIMO 是多天线技术演进的一种高端形态,是 5G 网络的一项关键技术,能够提升小区覆盖性能、用户体验和系统容量。

目前，一般认为通道数达到 64 个或以上的 MIMO 就是 Massive MIMO，虽然从理论上来说，天线数越多越好，系统容量也会随之成倍提升，但是受到系统实现需要花费较大的代价等多方面因素的制约，因此现阶段的天线数最大为 256 个。

图 2-6　LTE 的 MIMO 和 Massive MIMO 对比示意图

应用 Massive MIMO 可以获得以下增益：

(1) 阵列增益。通过增加天线数量，获得更高阵列增益，提升覆盖性能。

(2) 赋形增益。对水平和垂直两个方向同时进行波束赋形，提升系统覆盖性能和用户数。

(3) 复用增益。最多支持 16 个数据流，提升系统吞吐率；空分复用，支持更多用户。

(4) 分集增益。通过增加天线数量，从而形成更多的数据空间传输路径，提升数据传输的可靠性。

传统的 MIMO，我们称之为 2D-MIMO，以八天线为例，实际信号在做覆盖时，只能在水平方向移动，垂直方向是不动的，其信号类似由一个平面发射出去的，而 Massive MIMO，是在信号水平维度空间基础上引入垂直维度的空域并加以利用，信号的辐射状是电磁波束。所以 Massive MIMO 也被称为 3D-MIMO。5G 基站天线数及端口数有大幅度增长，可支持配置上百根天线和数十根天线端口的 Massive MIMO 技术，支持更多用户的空间复用传输，能数倍地提升 5G 系统的频谱效率，但 Massive MIMO 技术在实际部署时对频段及双工方式都有一定的要求。

(1) 频段要求。由于 Massive MIMO 的天线振子数量远远超过传统的天线，振子之间的距离不宜过大，否则会造成天线尺寸过大，无法满足工程安装的要求。振子之间的距离和频段相关，频段越高振子间隔越小，越有利于 Massive MIMO 的部署(当前 Massive MIMO 一般只用于 2.6 GHz 以上的频段)。

(2) 双工方式的要求。Massive MIMO 中引入了 BF(Beamforming，波束赋形)技术，TDD 系统的上下行信道的互易性更有利于下行赋形的权值计算，因此 TDD 系统更适合部署 Massive MIMO。FDD 系统通过引入了新的参考信号(CSI-RS)，也可以实现下行的权值计算，但性能比 TDD 略差。

2. 波束赋形

波束赋形从 3GPP Rel-8 协议开始引入，是一种下行多天线技术。NR Sub6G 多天线下行各信道默认支持波束赋形，可以形成更窄的波束，精准地指向用户，提升覆盖性能。波束是指电磁波能量的方向，波束的每个主平面内都有两个或多个瓣，辐射强度最大的瓣被称为主瓣，其余的瓣被称为副瓣或旁瓣，将主瓣最大辐射方向两侧，辐射强度降低 3 dB、功率密度降低一半的两点间的夹角定义为波瓣宽度(又称波束宽度)。波束越宽，其覆盖的方向角越大，能量越分散；波束越窄，天线的方向性越好，能量越集中。

波束赋形利用信道信息对发射信号进行加权预编码，以获得阵列增益。理论上，1×N 的 SIMO(Single-Lnput Multiple-Output，单入多出)系统和 M×1 的 MISO(Multiple-Input Single-Output，多入单出)系统相对于 SISO(Single-Input Single-Output，单入单出)可获得的阵列增益分别为 10lg10(N)dB 和 10lg10(M)dB。阵列增益可以提高接收端 SINR(Single to Interference Plus Noise Ratio，信号与干扰加噪声比)，从而提升信号接收质量，多天线合并后信号的平均 SINR 更高。通过对每个天线进行加权，提升有用信号的权值，控制大规模的天线阵列，使得其主瓣的方向对准用户，图 2-7 中右侧所示的就是通过加权使得天线的主瓣对准 UE 的方向，从而提高目标 UE 的解调信噪比，改善小区边缘的用户体验。

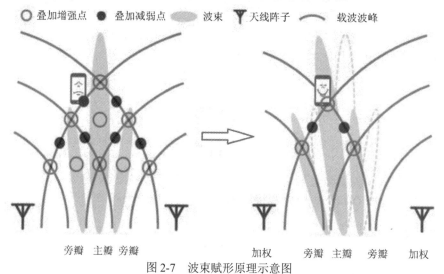

图 2-7　波束赋形原理示意图

下行波束赋形的流程包括通道校正、权值计算、加权和赋形四个步骤，如图 2-8 所示。具体过程如下。

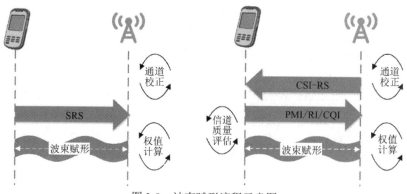

图 2-8　波束赋形流程示意图

(1) 通道校正。通道校正的目的是保证收发通道的互易性和通道间的一致性。NR 系统类似于 TD-LTE 系统，上下行频率相同，因此可以依据上行信道信息估计下行信道。但如果上下行信道幅度和相位不一致，则会影响下行信道权值的计算准确度。

设备的射频收发通道之间存在幅度和相位差，而且不同的收发通道的幅度和相位差也不同，所以上下行信道并不是严格互易的，需要使用通道校正技术来保证射频收发通道幅

度和相位的一致性。具体流程如下:

①　使用通道校正算法,计算信号经过各个发射通道和接收通道后产生的相位和幅度变化。

②　依据计算结果进行补偿,使每组收发通道都满足互易性条件。

(2) 权值计算。gNodeB 基于下行信道特征计算出一个向量,用于改变波束形状和方向。计算权值的关键输入是获取下行信道特征,目前有两种不同的获取下行信道特征的方法,分别是 PMI 权和 SRS 权。gNodeB 自适应地选择采用 SRS 权或 PMI 权,在某些场景下选择 SRS 权值,在某些场景下选择 PMI 权值。

(3) 加权。加权是指 gNodeB 计算出权值后,将权值与待发射的数据(数据流和解调信号 DMRS)进行矢量相加,改变信号幅度和相位,以达到调整波束的宽度和方向的目的。加权的具体过程如下:

假设天线通道序列为 i,信道输入信号为 $x(i)$,通过信道 H 时引入的噪声为 N,信道输出时信号为 $y(i)$, 则可得到 $y(i) = Hx(i) + N$。

加权就是对信号 $x(i)$ 乘以一个复向量 $w(i)$(权值),达到改变输出信号 $y(i)$ 的幅度和相位的目的, 即可得到 $y(i) = Hw(i)x(i) + N$。

对于信道输入的一组信号 X,通过信道 H 时,对每个信号 $x(i)$ 都用不同的向量 $w(i)$ 进行加权,就可以使输出的一组叠加后的信号 Y 呈现出一定的方向性。

(4) 赋形。赋形应用了干涉原理,调整波束的宽度和方向。图 2-7 中弧线表示载波的波峰,波峰与波峰相遇的位置叠加增强,波峰与波谷相遇的位置叠加减弱。

①　未使用 BF 时,波束形状、能量强弱位置是固定的,对于在叠加减弱点位置的用户,如果处于小区边缘,其接收到的信号强度较低。

②　使用 BF 后,通过对信号加权,调整各天线振子的发射功率和相位,改变波束形状,使主瓣对准用户,信号强度得到了提高。

基于 SRS 加权获得的波束一般被称为动态波束,而控制信道和广播信道则采用预定义的权值生成离散的静态波束。在阵列天线的基础上,Massive MIMO 可以实现 3D 波束赋形,在水平方向和垂直方向都能随着目标 UE 的位置进行调整。

3. MU-MIMO 与 SU-MIMO

通过多个用户之间配对复用相同的时频资源来实现多个数据流的技术就叫作 MU-MIMO(Multi User MIMO,多用户 MIMO),而一个用户内部的多个数据流则为传统的 SU-MIMO(Single User MIMO,单用户 MIMO)。5G 可以同时实现 MU-MIMO 和 SU-MIMO 这两种方式,以最大化整个小区的流量。

MU-MIMO 的配对原则要求不同 UE 之间的 SINR 接近以及信道相关性低,其在 LTE 阶段就已经引入,在 Massive MIMO 技术引入之前,由于天线振子数量太少,导致满足配对的用户比例很低,从而增益也非常有限。Massive MIMO 正是通过引入大量的天线振子,采用更多的窄波束,降低了不同 UE 之间的信道相关性,因此 UE 之间更容易满足 MU-MIMO 的配对条件。同时,通过增加天线的振子数,总的复用流数也增加了,相较于 LTE,Massive MIMO 可以支持更多 UE 的配对。目前主流的 5G 手机能支持四天线接收,因此可以和基站形成最多四条独立的传播路径,也就是对于单个手机来说,SU-MIMO 最多可支持四流传输。

4. 波束管理

多天线阵列的大部分发射能量都聚集在一个非常窄的区域内,这意味着,使用的天线越多,波束宽度就会越窄。多天线阵列的好处在于,不同的波束之间,不同的用户之间的干扰比较少,因为不同的波束都有各自的聚焦区域,这些区域都非常小,彼此之间的交集较少。多天线阵列的不利之处在于,系统必须用非常复杂的算法来找到用户的准确位置,否则就不能精准地将波束对准这个用户。因此,良好的波束管理和波束控制对 Massive MIMO 十分重要。

波束管理主要包括以下四个步骤:

(1) 波束扫描(Beam Sweeping)。为了扩大 BF 增益,通常采用高增益的方向性天线来形成较窄的波束宽度,而波束宽度过窄容易产生覆盖不足的问题,尤其在三扇区配置的情况下。为了避免这个问题,可以在时域上采用多个窄波束在覆盖区域内进行扫描,从而满足区域内的覆盖要求。如图 2-9 所示,gNodeB 使用多个波束在下行方向扫描,以提升覆盖性能。

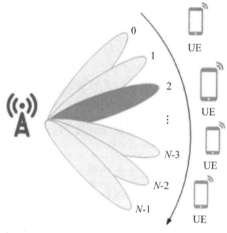

图 2-9 波束扫描原理示意图

波束扫描是波束管理的第一步。gNodeB 在波束覆盖范围内不同的空间方向上发送 m 个波束,UE 在 n 个不同的接收空间方向上监听/扫描来自 gNodeB 的波束传输(因此总共有 $m \times n$ 次波束扫描)。

基于波束扫描,UE 确定波束的信道质量,并将信道质量信息上报给 gNodeB。周边建筑物、天气情况、UE 移动速度和方向,甚至手持 UE 的方式等都会影响波束信道的质量。gNodeB 收到波束质量信息后,会基于上报的波束质量状况调整各种配置参数,比如调整波束扫描周期、切换门限判决等。

(2) 波束测量(Beam Measurement)。波束测量用来评估波束的质量,评估指标包括波束中 RSRP(Reference Signal Receiving Power,参考信号接收功率)、RSRQ(Reference Signal Receiving Quality,参考信号接收质量)、SINR 等。gNodeB 或者 UE 对所接收到的波束中的质量和特性进行测量。

(3) 波束决策(Beam Determination)。根据波束测量选择最优波束或最优波束组。下行波束由 UE 来确定,其判决准则是波束的最大接收信号强度应大于特定的门限值。在上行方向上,gNodeB 对 UE 上传的 SRS 进行测量以确定最优上行波束。

(4) 波束报告(Beam Reporting)。确定最优波束后，UE 或者 gNodeB 将所选择的波束信息通知给对端。在 UE 侧选择完最优波束后，需通过执行随机接入过程将波束质量和波束决策信息上报给 gNodeB，以实现 UE 与 gNodeB 之间波束对齐，建立定向通信。

在波束上报过程中，UE 必须等待 gNodeB 将 RACH 机会调度到其选择的最优波束方向上执行随机接入。因此，若在 SA 模式下，gNodeB 可能需要再进行一次完整的波束扫描。若在 NSA 模式下，则可以通过 LTE 连接直接通知 gNodeB。

5. Massive MIMO 的应用场景

Massive MIMO 应用场景如下：

(1) 热点区域。热点区域包括密集城区、中心商业区、广场、体育馆等，这些区域中的用户密集，需要支持大量在线用户，对上下行容量的需求极高。Massive MIMO 特性能够有效抑制干扰，支持多层配对的 MU-BF(Multi User Beam Forming，多用户波束赋形)和 MU-MIMO，从而显著提升小区的吞吐率，解决热点区域的容量诉求。

(2) 高楼覆盖。该场景下，用户垂直分布于不同楼层，普通站点的垂直覆盖范围较窄，难以覆盖多个楼层。Massive MIMO 站点支持三维波束调整，增强了垂直维度广播波束的覆盖能力，从而可以覆盖更多楼层的用户。

(3) 深度覆盖。在该场景下，通过室外站点对室内进行覆盖，通常有建筑物阻挡，由于穿透损耗等原因，导致用户信号较弱、体验较差。Massive MIMO 特性的上行多天线接收分集和下行波束赋形能够有效对抗传播与穿透损耗，从而提升了链路质量和用户的体验速率。

2.2　覆盖增强技术

2.2.1　上下行解耦

在移动通信网络中增加带宽是增加容量和传输速率最直接的方法，5G 最大带宽可达 1 GHz，可以采用毫米波频段的高频电磁波进行通信。高频电磁波相比低频传播损耗更大、绕射能力更弱，频段越高，上下行覆盖差异越明显，并且随着波束赋形、CRS-Free[不使用小区参考信号。其中 CRS 为 Cell-Specific Reference Sigal(小区参考信号)]等技术的引入，下行干扰减小，TDD 系统中 C-Band 频段上下行覆盖差距进一步扩大，导致上行覆盖受限。图 2-10 展示了不同场景下上下行的覆盖差异，其中典型城区场景上下行覆盖差异达到了 450 米。

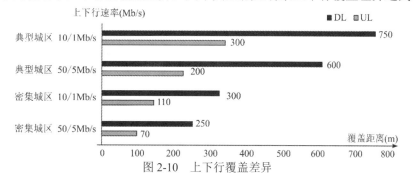

图 2-10　上下行覆盖差异

1. 上下行解耦技术

为解决上下行覆盖差异问题，提出了上下行解耦方案 SUL(Supplementary Uplink，补充的上行链路)，即 NR 下行链路中 gNodeB 使用高频段进行通信，上行可以视 UE 覆盖情况选择与 LTE 共享低频资源进行通信，从而实现 NR 上下行频段解耦。SUL 通过补充的上行链路(一般处于低频段，如 LTE 频段)来保证 UE 的上行覆盖。如图 2-11 所示，在小区边缘上行覆盖受限区域，终端可选择与下行不同的低频频点载波进行数据发送，以增强上行覆盖。相比下行覆盖，C-Band 频段上行的覆盖差距通过将上行的发送切换到 1.8G，来有效补偿上行覆盖问题。

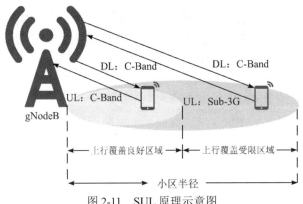

图 2-11   SUL 原理示意图

上下行解耦技术已经正式写入 3GPP Rel-15 标准，在标准化过程中，首先需要确定上下行解耦使用的上行频段，因此在 3GPP Rel-15 版本引入了辅助上行频段(简称为 SUL)，通过该频段可以实现上行业务的频率和下行业务频率的解耦，通过 SUL 的低频特性增强上行覆盖。Rel-15 版本规范中定义的 SUL 频段如表 2-2 所示。

表 2-2   SUL 使用频段

SUL 频段	频率范围/ MHz
n80	1710～1785
n81	880～915
n82	832～862
n84	1920～1980
n86	1710～1780

传统网络中上行载波和下行载波在同一个频段内。5G 引入 SUL 后定义了新的频谱配对方式，使下行数据在 C-Band 传输，而上行数据在 Sub-3G 传输，从而提升上行覆盖性能。用户处于空闲态时，gNodeB 通过系统消息将 SUL 相关消息发送给终端 UE，终端基于测量结果在合适的上行载波发起初始接入。UE 处于连接态时，gNodeB 给 UE 下发测量配置，指示 5G 终端去测量 5G 小区电平值。一旦超过 B1 门限值，终端就会上报测量报告，最终，gNodeB 根据测量结果，给终端选择合适的上行载波(Sub3G 或 C-Band)。

2. SUL 载波管理流程

当系统引入 SUL 频段后，SUL 小区在随机接入、功率控制、调度、链路管理和移动性管理上，与 NUL(NR 中 UE 正常的上行链路)频段的过程有所区别。为了保证 UE 在 SUL 载波上正确接入和工作，gNodeB 需要将 SUL 载波的相关信息发送给 UE，包括如下内容：

(1) 结构、系统带宽及频点。

(2) SUL 上行公共信道配置。包括 PRACH、PUSCH 和 PUCCH 信道的配置。

在不同组网场景下，gNodeB 会通过相应的消息将相关的 SUL 配置下发给 UE。

(1) SA 组网场景下，SUL 公共信道配置通过 SIB1 消息下发，SUL 专用信道参数配置通过 RRC Reconfiguration 消息下发。

(2) 在 NSA 组网场景下，所有的 SUL 配置先通过 X2 接口的 SeNB Addition Request Acknowledge(辅基站添加请求确认)消息传递给 eNodeB，再由 eNodeB 通过 RRC Reconfiguration(RRC 重配)消息下发至 UE。

为了在配置有 SUL 的小区中进行随机接入，gNodeB 通过广播消息通知 UE 接入时使用哪个载波(UL 或 SUL)。若网络侧未通知，则当 UE 测得下行质量低于广播阈值时，即 UE 测量到的 NR 小区的 RSRP 小于指定门限值时，UE 才会在 SUL 载波上发起随机接入。在 NSA 组网和 SA 组网场景下，连接态和空闲态的 UE 接入流程不同，首先讨论 NSA 组网场景的情况，NSA 场景下连接态 UE 接入 SUL 小区的流程如图 2-12 所示。

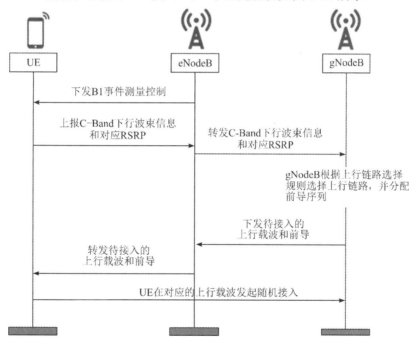

图 2-12　连接态 UE 接入 SUL 小区的流程

NSA 场景下，对于支持上下行解耦的 UE，网络侧需要为 UE 选择 NUL 载波或 SUL 载波作为上行链路，并在 RRC 重配消息中指示 UE 要接入的上行载波，具体流程如下：

(1) 建立双连接时，eNodeB 向 UE 下发异系统测量配置(B1 事件测量配置，B1 事件表示 NR 小区测量电平大于配置的门限值)，指示 UE 测量 gNodeB 信号。

(2) eNodeB 收到 UE 上报的异系统测量报告后，将 NR 小区 RSRP 转发给 gNodeB，gNodeB 根据以下规则为 UE 选择上行载波。

① 当 UE 上行链路在 NUL 上行时，如果 NR 小区 RSRP 低于配置的门限值（A2 测量

事件），则网络侧指示 UE 选择 SUL 载波。

② 当 UE 上行链路在 SUL 上行时，如果 NR 小区 RSRP 高于配置的门限值（A1 测量事件），则网络侧指示 UE 选择 NUL 载波。

(3) 目标 gNodeB 将携带上行载波选择结果的 RRC 重配消息，通过源 gNodeB 发送给 UE。

(4) UE 根据 RRC 重配消息中指示的上行载波，在对应的上行载波发起随机接入。无论是在 SUL 还是 NUL 发起随机接入，其流程和标准的随机接入流程并没有差异，这里就不再复述了。

SA 组网场景下的 SUL 载波选择涉及空闲态初始接入场景下的 SUL 载波选择以及连接态切换后的 SUL 载波选择两种场景。

空闲态初始接入时 SUL 的选择过程如下：

(1) UE 接收系统广播消息，获取 SUL 载波选择门限值。

(2) UE 测量下行 SSB RSRP 并和选择门限值相比较，如果测量结果大于等于门限值，UE 在 NUL 载波发起随机接入；如果测量结果小于门限值，则 UE 在 SUL 载波发起随机接入。

当 UE 在 RRC 连接态切换时，若目标小区是 SUL 小区，对于支持上下行解耦的 UE，网络侧需要为 UE 选择 NUL 载波或 SUL 载波，并在 RRC 重配置消息中指示 UE 要接入的上行载波，SUL 载波的选择过程如下：

(1) 切换前，源 gNodeB 向 UE 下发系统内测量控制消息，指示 UE 测量邻区信号强度。

(2) 源 gNodeB 收到 UE 上报的测量报告后，将邻区测量的 RSRP 转发给目标 gNodeB，目标 gNodeB 根据如下规则为 UE 选择上行载波。

(3) 目标基站在切换响应消息中将 SUL 或 NUL 的信息传递给源基站，源基站通过切换命令将该信息传递给 UE。

(4) UE 根据响应的指示在 SUL 或 NUL 发起随机接入。

3. 无线资源管理算法

上下行解耦特性生效时，下行链路承载在 NUL 载波上，上行链路承载在 SUL 载波上。由于 NUL 的子载波间隔为 30 kHz，SUL 载波的子载波间隔为 15 kHz，NUL 载波与 SUL 载波的 TTI 数量比例是 2：1，所以调度时需要考虑不同时序的调度。对于 NUL 载波，上行和下行的时隙通过参数进行配置，当前主流配置为 4：1 或者 7：3。对于 SUL 载波，所有的上行时隙均可使用，如图 2-13 所示。

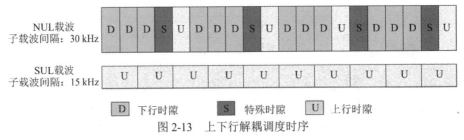

图 2-13 上下行解耦调度时序

因为上下行子载波间隔不同，NR 引入了灵活的调度机制，在资源调度时引入了参数 K_1 和 K_2，以保证 gNodeB 和 UE 间的调度时序不错乱。K_1 用于确定下行数据传输的 HARQ 时序，K_2 用于确定上行调度时序，K_1 和 K_2 基于算法自动计算得到，gNodeB 通过 DCI(Downlink

Control Information，下行控制消息)将 K_1 和 K_2 参数下发给 UE。

在上下行解耦中，网络侧通过 C-Band 调度指示了 UE 在 SUL 上调度的资源，调度时序为 $N+K_2$。当 UE 在 C-Band 时隙 N 收到包含上行调度的 DCI 时，会在 C-Band 时隙 $N+K_2$ 对应的 Sub-3G 上行时隙发送上行数据，如图 2-14 所示。

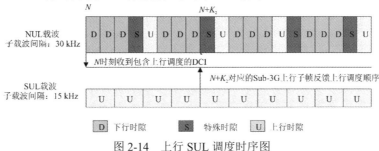

图 2-14 上行 SUL 调度时序图

同时，下行解耦支持灵活调度，每个 C-Band 子帧都可以调度 Sub-3G SUL 上的资源，该机制可以平衡 C-Band 每个子帧 PDCCH 的负载。由于 C-Band 与 Sub-3G 的时隙数量比例是 2∶1，如果某个 Sub-3G 子帧可以被两个 C-Band 子帧调度，则这两个 C-Band 子帧的 PDCCH 只需要承担 50%的负载。

4. SUL 频率获取方案

从表 2-2 的 SUL 频率分配可以发现，其中定义的 SUL 频段实际上就是 FDD 频段的上行部分，且这些频段当前已经广泛应用在 LTE 系统中。下面将以 1.8 GHz 的 N80 频段为例，介绍两种 SUL 频率获取方案。

(1) 通过频率重耕方式获取。即从当前的 FDD 系统中直接划分出固定的带宽给 5G 的 SUL 使用，该方案实现比较简单，对网络设备没有要求，但会对当前的 LTE 网络的性能造成影响。例如，假设现在某运营商在 1.8 GHz 的频段部署了 20 MHz 的 LTE 系统。根据解耦的需求需要获取 10 MHz 的 SUL 资源，此时，运营商需要将 1.8 GHz 的上行频段直接腾出 10 MHz 给 5G 使用。但由于 FDD 是对称频谱，从而导致整个 LTE 的带宽需要从 20 MHz 缩减到 10 MHz，会对 LTE 网络的容量造成非常明显的影响。

另一方面，在部署了解耦小区后，SUL 的资源并不是一直在使用，如果当前的 5G 小区没有上行解耦用户，会导致这些独立的 SUL 频段被浪费掉。因此，采用这种方案部署，不仅会对 LTE 容量造成很大的影响，而且 SUL 资源的利用率也不高。

(2) 通过 LTE 和 NR 的频率共享方式获取 SUL 频率。通过频率共享方式获取的 SUL 频率并不是固定不变的，NR 的 SUL 和 LTE 共享上行 20 MHz 的频率资源，在不同的时刻，4G 和 5G 可以使用不同的频率资源，如图 2-15 所示。

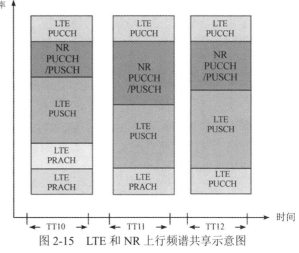

图 2-15 LTE 和 NR 上行频谱共享示意图

采用此方式时，对 LTE 的下行容量没有任何影响；同时，SUL 的频率资源也是按需分配的，可以提升整个上行 20 MHz 带宽的利用率。

2.2.2 超级上行

1. SUL 和 CA

SUL 能通过补充的上行链路来保证 UE 的上行覆盖。CA(Carrier Aggregation，载波聚合)技术也能提升上行覆盖。CA 技术将多个载波聚合起来发送，由于每个运营商能分到的频段有限，而且不一定连续，如果每个 UE 都只能用其中某个频段的话，那么 UE 的速率将会受到限制。CA 技术就是解决这个问题的，把相同频段或者不同频段的频谱资源聚合起来给 UE 使用，提高 UE 的速率，与 SUL 相比，CA 不仅能提升上行覆盖，也能提升下行覆盖。

如图 2-16 所示，假设运营商有两个频段：Band A 和 Band B。运营商可以使用 CA 技术将 Band A 和 Band B 同时分配给 UE 聚合使用。需要注意的是，载波聚合时，每个载波都对应一个 Cell(小区)。

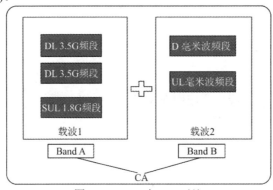

图 2-16　SUL 与 CA 对比

CA 与 SUL 的区别就在于：

(1) SUL 只对应上行链路，而 CA 下每个 CC 既可以有上行链路，也可以有下行链路；

(2) SUL 属于同一个 Cell 内，而 CA 下不同的 Band 属于不同的 cell。

2. 超级上行的定义

5G 业务，特别是 SA 场景下的新业务，对上行的大带宽和低时延提出了更高的要求。现阶段 5G 网络上行受限于终端、帧结构和频段，体验远不如下行。为此，3GPP 在 Rel-16 中引入了新特性超级上行(Uplink Switching)。其主要原理是 UE 在两个载波(通常是低频+高频)进行上行传输的时候，通过时分的方式复用低频载波和高频载波，从而可以兼具低频穿透性好、全时隙可进行上行传输以及高频大带宽的优势，进而可以更加充分的利用上行资源，提升上行覆盖性能和吞吐率。超级上行技术可实现网络容量、覆盖性能的提升，以及更低的空口时延，全面满足 5G 时代应用对于更高上行速率和更低时延的需求。

3. 超级上行的实现

Sub3G 和 C-Band 频段的传输特性如表 2-3 所示，传统的 SUL 和上行 CA 技术的本质是通过 TDD/FDD、高频/低频协同互补对上行进行增强，但都有一定的不足，SUL 主要用于提升小区边缘的速率，无法对上行近点的容量进行提升；CA 上行两载波并发，在近点对上行容量的提升很有限，它们无法充分发挥 FDD+TDD 双载波协同的全部优势。

表 2-3　Sub3G 与 C-Band 频段的比较

频段	3.5 GHz	2.1/1.8 GHz
制式	TDD	FDD
时隙配比	D D D S U D D S U U	D D D D D D D D D U U U U U U U U U
优势	带宽大，下行时隙占比高，适合下行大带宽业务	上行全时隙，适合上行大带宽业务，频段低，穿透能力强，适合低时延业务
劣势	频段高，覆盖能力有限，上行时隙占比低，上行能力有限	带宽小，不适合下行大带宽业务

　　我国的通信行业龙头华为科技公司推出了 5G 超级上行的解决方案，结合 Sub3G 和 C-Band 频段中 3.5 GHz 的优势，增强上行容量和室内覆盖，上行峰值速率超过 450 Mb/s。华为的"超级上行"方案如图 2-17 所示，与上行 CA 和 SUL 不同的是，当 3.5G 频段传送上行数据时，FDD 的 Sub3G 上行不传送数据，这可充分发挥 TDD 大带宽和终端双通道发射的优势来提升上行吞吐率；当 3.5G 传送下行数据时，Sub3G 传送上行数据，从而实现了 FDD 和 TDD 时隙级的转换，保证全时隙均有上行数据传送。华为创新"超级上行"，利用 NR FDD 增强上行覆盖，提升了频谱利用率和上行容量，也降低了网络时延，且可保证全场景有增益。

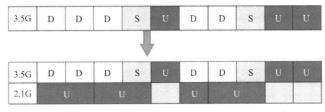

图 2-17　超级上行全时隙调度原理示意图

　　超级上行能带来以下两方面的增益：

　　(1) 容量增益。Sub-3G 上行频谱与 C-Band 频谱时分叠加使用，可以极大增加上行频谱资源，从而带来了 5G 用户的容量增益。现网 LTE 上行频谱资源利用率相对较低，通过上行动态频谱共享技术，将空闲低频频谱资源共享给 NR 使用，同时也提升了低频频谱的利用率。

　　(2) 覆盖增益。超级上行远点增益来源于 Sub-3G 低频的无线传播特性：C-Band 传播损耗大，在远点覆盖受限；而 Sub3G 传播特性优于 C-Band，在小区远点上行体验速率优于 C-Band。

2.3　时延降低技术

　　如图 2-18 所示，影响 RAN 时延大小的有信号传输时延、处理时延、重传机制、覆盖干扰等多种因素，如 TTI(Transmission Time Interval，传输时间间隔)过长会导致时延增大。在 4G 系统中，UE 要发送数据给网络，需要先向基站发起调度申请，然后基站给 UE 发送调度授权，最后 UE 才能把数据放到相应的资源块上发送给网络。这个过程包含 RTT，RTT 本身会产生时延，RTT 过长也会导致时延增大。另外，上下行覆盖不合理或干扰过大都会导致时延变长。5G 系统中，定义了免调度技术，缩短了 TTI，同时 NR 中调度周期可以灵活变动，且一次可以调度多个时隙，以适应不同的业务需求，这些措施都能有效降低无线时延。

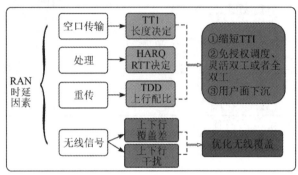

图 2-18　5G 时延降低技术

2.3.1　免授权调度技术

5G 系统中，免授权调度技术在 uRLLC 低时延场景中使用，终端 UE 如果有数据要发送给网络，可以不用向网络申请，直接发送，因而免除了 RTT 造成的时延。

在 uRLLC 场景下，gNodeB 侧可以开启免授权调度特性，并配置相关免授权调度资源，通过 DCI 激活/去激活 UE 的免调度资源；当 UE 获得免授权调度资源后，如果 UE 有 uRLLC 数据需要发送，就可以在预先预留的资源块上直接发送 PUSCH 数据，而无需先向 gNodeB 发送调度请求。而且基站通过激活一次上行授权给 UE，在 UE 未收到去激活信令的情况下，将会一直使用第一次上行授权所指定资源进行上行传输，如图 2-19 所示。相比正常的调度流程，免授权调度省掉了调度申请和调度授权过程，没有了 RTT 时延，所以时延更短，能够满足今后 uRLLC 低时延场景业务需求。

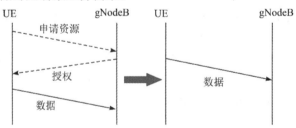

图 2-19　免授权调度原理示意图

此外，当 eMBB 和 uRLLC 业务共存时，NR 侵入式空口调度机制可以实现 uRLLC 业务对 eMBB 资源打孔。由于频谱资源的稀缺性，eMBB 和 uRLLC 业务将共享频谱资源。Rel-15 协议定义空口上下行链路均可支持 eMBB 与 uRLLC 的半静态复用，即根据参数配置预留一定比例的频域资源分别供 eMBB 与 uRLLC 使用。侵入式空口调度机制允许当一个终端有突发的 uRLLC 业务时，可以抢占其他终端已经在传输的 eMBB 业务的部分资源，由于 uRLLC 通常业务量较小，可通过打孔的方式保证 eMBB 业务的正常传输，并告知基站被侵占的其他业务在下次调度时避免占用这部分资源。侵入式空口调度机制能够提高系统的资源利用率，并满足 uRLLC 对时延的要求。

2.3.2　异步 HARQ

HARQ(Hybrid Automatic Repeat reQuest，混合自动重传请求)是一种结合 FEC(Forward Error Correction，前向纠错)与 ARQ 方法的技术。在 HARQ 中通过 FEC 添加冗余信息，使得接收端能够纠正一部分错误，对于 FEC 无法纠正的错误，接收端会通过 ARQ 机制请求发送端重发数据。

HARQ 协议在时域上分为同步 HARQ 和异步 HARQ 两类。如图 2-20 所示，同步 HARQ 意味着重传只能在前一次传输之后的固定时刻发送，也意味着某个特定的子帧，只能使用某个特定的 HARQ 进程。异步 HARQ 原理如图 2-21 所示，意味着重传可以发生在任一时刻，也意味着能以任意顺序使用 HARQ 进程。

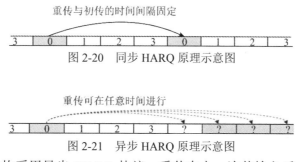

图 2-20　同步 HARQ 原理示意图

图 2-21　异步 HARQ 原理示意图

5G 上下行链路均采用异步 HARQ 协议，重传在上一次传输之后的任何可用时间上进行，能尽快将反馈发送回发射机，有效降低重传时延。

2.3.3　D2D 技术

在无线蜂窝通信系统中，设备之间的通信一般都是由无线通信运营商的基站进行控制，因此无法进行直接的语音或数据通信。这是因为，一方面，终端通信设备的能力有限，如手机发射功率较低，无法在设备间进行任意时间和位置的通信；另一方面，无线通信的信道资源有限，需要规避因使用相同信道而产生的干扰风险，这就需要一个中央控制中心来管理协调通信资源。

D2D(Device to Device，设备到设备)通信技术是指两个对等的设备之间直接进行通信的一种通信方式，它能够提升通信系统的频谱效率，在一定程度上解决无线通信系统频谱资源匮乏的问题。D2D 通信作为移动通信技术中的一项关键技术，一直备受关注，并且日趋成熟。与物联网中的 M2M(Machine to Machine，机器到机器)概念类似，D2D 旨在使一定距离范围内的用户通信设备直接通信，以降低对服务基站的负荷。

5G 网络的 D2D 是在蜂窝网络辅助下，使用运营商的频谱，实现终端与终端之间对数据进行直接传输，如图 2-22 所示。两个终端采用运营商的授权频谱进行通信，可以使用当前小区的剩余频谱资源或者复用当前小区的上下行频谱资源进行通信。

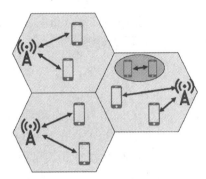

图 2-22   D2D 技术原理示意图

在 D2D 技术出现之前，已有类似的通信技术出现，如用于短距离通信的蓝牙技术，速度更快、传输距离更远的 WiFi Direct(WiFi 直连)技术和高通提出的 Flash LinQ 技术。后两种技术由于各种原因未能大范围商用，而 D2D 技术在一定程度上弥补了点对点通信的短板，而且 D2D 覆盖距离较远，可达 1 km 以上。

相较其他不依靠基础网络设施的直通技术而言，D2D 更加灵活，既可以在基站控制下进行连接及资源分配，也可以在无网络基础设施时进行信息交互。处于无网络覆盖情况下的用户可以把处在网络覆盖中的用户设备作为跳板，从而接入网络。

相比正常的蜂窝网络通信，D2D 通信具备以下几个优点：

(1) 降低基站和回传网络压力，降低网络时延。

(2) 降低终端发射功率，提升待机时长。

(3) 提升频谱效率，解决无线频谱资源匮乏的问题。

(4) 方便获取位置信息，可提供位置信息用于社交。

(5) 本地数据应用紧急通信，公共安全，物联网等行业应用。

2.4 毫米波技术

毫米波(Millimeter Wave)是波长为 1～10 mm 的电磁波，位于微波与远红外波相交叠的波长范围，因此兼有这两种波谱的特点。毫米波技术分别是微波向高频的延伸和光波向低频的发展。

与较低频段的微波相比，毫米波的优点主要包括以下几点：可利用的频谱范围宽，信息容量大；易实现窄波束和高增益的天线，因此分辨率高，抗干扰性好；穿透等离子体的能力强；多普勒频移大，测速灵敏度高。毫米波的缺点主要包括在大气中传播时衰减严重以及器件加工精度要求高。与光波相比，毫米波利用大气窗口(毫米波与亚毫米波在大气中传播时，由于气体分子谐振吸收所致的某些衰减为极小值的频率)传播时的衰减小，受自然光和热辐射源影响小。

2.4.1 高频传播特性及信道模型

移动通信信道的传播模型主要从大尺度衰落特性和小尺度衰落特性两方面加以考量。

其中大尺度衰落主要包括路径损耗、阴影衰落等相对慢速变化的衰落特性；而小尺度衰落则包括短时内快速变化的信道波动特性，主要指多径的时延扩展、到达角度和离开角度，以及每径的功率分布、多普勒频移等。

1. 信道的大尺度参数

大尺度衰落是描述发射端和接收端长距离或长时间范围内上的信号场强的变化。根据电磁波的自由空间传播模型(公式 2-1)，高频传输会带来更大的衰落。

$$P_R = P_T \cdot G_T \cdot G_R \cdot \frac{\lambda^2}{16 \cdot \pi \cdot R^2} \tag{2-1}$$

式中：P_R、P_T 分别表示接收功率和发射功率；G_T、G_R 分别表示发射和接收天线的天线增益；R 为收发端的间距；λ 表示载波的波长。

空间传播的损耗与载波频率和距离有关，当载波频率从 6 GHz 提升到 60 GHz 时，相同距离的衰落会提升 100 倍。而在工程与学术研究中，路径损耗随距离的变化公式为

$$PL = \beta + a \times 10\lg 10 d \tag{2-2}$$

式中：a 为路径损耗衰减因子，表示路径损耗随传播距离 d 变化而变化的情况；β 涵盖了其他影响路径损耗的因素，并在特定的场景下会抽象为一个常数。对于高频传输，更多关注的是路径损耗衰减因子，因为其直接影响实际部署时的覆盖范围，在 28 GHz 频段传输的衰减因子与 Sub6G 传输的衰减因子对比如表 2-4 所示。

表 2-4 在 28GHz 频段传输的衰减因子与 Sub6G 传输的衰减因子对比

测量环境	ITU(2～6 GHz)	CJK 初步调研(28 GHz)	纽约大学测量(28 GHz)
LOS	2.2	1.9～2.3	2
NLOS	3.67	2.5～3.8	2.92

注：CJK—China-Japan-Korea(中日韩)；LOS—Line of Sight(视距)；NLOS—Non Line of Sight(非视距)。

根据上述调研的数据，可以看到更高频段的衰减因子与低频的衰减因子相差不多，差距在常数部分，差距值为 20～40 dB。这就说明，高频传输的信号并不会随着距离增大而加快衰落，而仅仅是与低频传输有固定的差距，因此高频传输的更大的损耗是可以通过技术手段克服的。

另外两个比较重要的大尺度参数是阴影衰落和穿透损耗。在低频段，穿透损耗一般假设在 20 dB 左右；但是在高频段，对于 28 GHz 测量的穿墙损耗在 28 dB 左右，对于镀膜的玻璃，损耗在 40 dB 左右。对于高频而言，由人体带来的穿透损耗或者扰动就会造成额外的 20～35 dB 的损耗。较高的穿透损耗会加大室外覆盖室内的部署难度。

阴影衰落主要是由于建筑物的遮挡对信号传播造成了额外损耗而产生的。通常在低频段，信号在直射路径上受到遮挡，通过电磁波的散射和衍射让建筑物后方的用户收到信号。但是，由于高频信号的粒子性很强，散射和衍射特性大大降低，导致建筑物后方的信号损耗会更大。因此，高频的阴影衰落比低频会更高，特别是在没有直射路径的情况下。

2. 信道的小尺度参数

小尺度衰落是指短时间(秒级)内信号场强的快速变化情况。主要涉及多径的时延参数、功率、入射角度以及多普勒频移的影响。

高频的频域扩展主要取决于接收端的移动以及周围散射体的移动。通常，在室内环境

下，散射体移动较少，环境相对稳定，室内的多普勒频移相对较低。而在室外环境下，其情况会更加复杂一些，传播路径中的移动物体更加丰富，由此会导致室外的频域响应更加剧烈。信道频率域的响应是传播路径上所有多径的多普勒效应的总叠加。由于在高频信道下，载波频点的升高，会导致频率域的整体偏移(多普勒偏移)更高。但是因为粒子性更强、散射更小，每个多径内的子径传播的环境很相似，这就导致多普勒扩展相比于低频会更小一些。

高频的另外一个显著特点是，由于粒子特性更加显著，使得电磁波的传播主要依赖于反射而不是散射。这就导致高频中能够到达接收端的多径数目会大大减少，通常是 2～3 个。多径的丰富程度将影响 MIMO 技术的使用，由于多径数量变少会导致单用户的多流传输受到限制；而同时，由于多用户的信道相关性降低，将提高多用户复用增益。

高频传输作为 5G 的关键特性之一，能够实现更高的传输速率以及更高的流量密度，对于更大带宽的传输提供良好的基础。高频传输的应用也是未来移动通信的发展趋势，而不同的信道特性将带来不同的技术选择，5G 采用多项关键技术来解决毫米频段的高速度传输问题。

2.4.2　高频通信中的关键技术

5G 移动场景下存在高速数据传输等问题，在毫米波异构网络中引入双连接、小区范围拓展和波束赋形等移动性增强技术，既可以充分利用毫米波的频谱资源优势，也可以有效解决高移动性下高速数据传输的问题。

1. 双连接技术

DC (Dual-connectivity，双连接)技术是指工作在 RRC 连接态的 UE 同时由至少两个网络节点提供服务，通常包括一个 MeNB(Master eNodeB，主基站)和一个 SeNB(Secondary eNodeB，辅基站)。MeNB 是 5G NR 的基站，被称为 MgNB(Master gNodeB)，SeNB 也是 5G NR 的基站，被称为 SgNB(Secondary gNodeB)。各基站可以都是 5G 小区或一个 4G 小区和一个 5G 小区，其中 MeNB 可以在数据包级别拆分承载，并可以决定哪些数据包通过 SeNB 路由到设备。针对双连接场景，3GPP 提出了四种部署模型，如图 2-23 所示。它们分别如下：

(1) 在 NR-DC(New Radio-Dual Connectivity，NR 双连接)模型中，MeNB 和 SeNB 节点都是 5G gNodeB，RAN 节点之间的接口为 Xn，承载 MeNB 和 SgNB 节点之间的信令和数据。

(2) 4G 无线接入网和 NR 的双连接。在此模型中运营商继续使用具有 eNodeB 连接的 4G 分组核心网 EPC。MeNB 是 4G eNodeB，而 SeNB 是 5G gNodeB。gNodeB 的增强部分支持 4G 到 eNodeB，也支持 5G 无线到移动设备的数据传输。承载拆分决策由主基站 4G eNodeB 决定，设备支持与 4G 和 5G 无线同时进行数据传输。

(3) 5G 核心网下的 4G 无线接入网与 NR 的双连接。在此部署模型中 4G 侧基站是连接到 5GC 的改进型 NG-eNodeB。Ng-eNodeB 充当主基站 MeNB，gNodeB 充当辅基站 SgNB。MeNB 和 MeNB 之间的接口基于 5G 协议，简称为 Xn。5G 设备从主基站 MeNB 和辅基站 SgNB 接收数据。

(4) NR 与 4G 无线接入网的双连接。在这个选项中，gNodeB 充当主基站 MgNB，连接到 5G 核心网并向辅基站执行承载拆分任务，辅基站 SeNB 为升级后的 eNodeB。MgNB 向终端设备传输 5G 无线电，SeNB 传输 4G 无线数据。

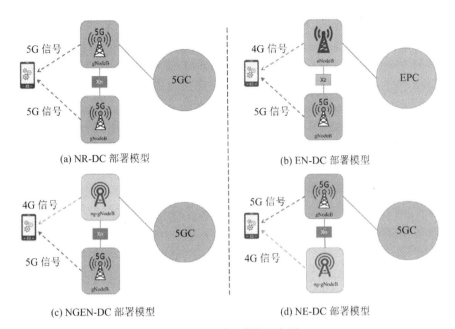

图 2-23 四种双连接示意图

在双连接技术部署中，一般考虑引入 Macro-cell(宏小区)双连接、Small-cell(微小区)双连接，在顶层建立低频 Macro-cell 作为覆盖小区，覆盖小区内部再建立毫米波 Small-cell 作为容量小区，并且允许终端可以同时驻留在覆盖小区和容量小区上。引入宏小区双连接、微小区双连接后，5G 蜂窝网将是一张多层异构网络，覆盖层主要由宏基站组成，小微基站负责容量层。

宏小区双连接、微小区双连接可获取一定的切换增益，在双连接的切换流程中，因为 Small-cell 始终处于 Macro-cell 的覆盖范围内，且 Macro-cell 可以为 UE 提供相对稳定可靠的连接，所以可以重新设计合理的切换算法，去除 MeNB 的切换。也就是说，让 UE 始终保持与 Macro-cell 的 RRC 连接，而仅仅执行 SeNB 的添加、修改和释放，让 Small-cell 只提供数据传输的连接。这样就实现了控制面与用户面的分离，低频宏小区利用其广域覆盖的特性提供控制面连接，毫米波高频微小区提供用户面连接，既避免了频繁切换的信令开销，也使得在高速移动场景下，即使到小区边缘也能保持良好的用户体验速率。

2. 小区范围拓展

通过 DC 技术，可初步解决毫米波异构网络中的越区切换和网络配置问题，但仍未能有效解决负载不均的问题。因此，可行的方案是在原来的网络基础上，继续引入小区范围拓展技术。

为了实现小区拓展，可以通过设置 CIO(Cell Individual Offset，小区偏置)，也就是在终端进行下行导频强度的判断时，人为地为毫米波微小区的导频信号增加一个偏置值，使得终端优先选择毫米波 Small-cell 作为服务小区。

3. 波束赋形技术

在高移动性场景下，利用大规模天线阵列，结合波束赋形技术可以有效对抗毫米波通信的高损耗。波束赋形是对要映射到发送天线上的数据先进行加权再发送，以此形成窄的发射波束，将能量对准目标的移动方向，从而提高目标用户的信号强度。

在传统的无线通信系统中，根据实现方式的不同，可以将波束赋形技术分为自适应波束赋形技术和码本切换波束赋形技术。自适应波束赋形技术通过信道估计获取 CSI，然后分解信道矩阵，得到匹配信道的最优波束赋形权向量。由于需要对信道进行估计并向发送端反馈估计结果，因此自适应波束赋形技术的实现复杂程度较高。而码本切换波束赋形技术是通过预先设置好一组波束码本，然后基于最大化接收端信噪比的准则，选择其中一组最优的码本实现数据传输。这种方法的好处是能够在有限反馈的情况下实现闭环的波束赋形，复杂程度相对较低，但在一定程度上牺牲了性能。

由于毫米波有不同于微波频段的传播特性、更大规模的阵列天线等方面的限制，因此必须通过设计新的码本、角度估算方法和波束赋形矩阵等适应毫米波的波束赋形需求。

2.5　网络切片技术

从运维管理角度来看，可以将移动网络假想成我们的交通系统，车辆是用户，道路是网络。随着车辆的增多，城市道路会变得拥堵不堪，为了缓解这种状况，交通部门会根据车辆和运营方式的不同进行分流管理，移动网络也需要这样的专有通道进行分类管理。

从业务应用角度来看，以前花巨资建设的 2G/3G/4G 网络，只是实现了单一的业务功能——电话或者上网，无法满足数据业务爆炸式增长所带来的新业务需求，因为传统网络有点像混凝土房子，一旦建好，后续拆改建的难度较大。而 5G 网络是要面向多连接和多样化业务的，需要能够像积木一样灵活部署，方便地进行新业务快速上线/下线，满足人们日益增长的数据业务需求。对于移动网络，"要有分类管理，要能灵活部署"，于是网络切片这一概念便应运而生。

2.5.1　5G业务差异化需求

5G 面向的不仅仅是传统个人消费者最基本的互联网应用，它面向的是各行各业，未来应用的形式也会更加多样化，客户的需求也会越来越高，移动智能服务的需求也会更多、更丰富，5G 网络的三大应用场景的服务需求也各不相同。

(1) eMBB 移动宽带。5G 时代将面向 4K/8K 超高清视频、全息技术、增强现实/虚拟现实等应用，移动宽带的主要需求是更高的数据容量。

(2) mMTC 海量物联网。海量传感器部署于测量、建筑、农业、物流、智慧城市、家庭等领域，这些传感器设备是非常密集的，大部分是静止的。

(3) uRLLC 任务关键性物联网。任务关键性物联网主要应用于无人驾驶、自动工厂、智能电网等领域，主要需求是超低时延和高可靠性。

为了满足不同应用场景的业务差异化需求，需要通过网络切片管理网络的传输能力，以一种更加高效的方式来满足不同的应用类型。例如自动驾驶在行驶过程中，为了应对危险，需要在 1 ms 左右的超低时延内和网络进行极高可靠的通信。与之不同的是，在演唱会现场则需要用到 5G 广连接和大带宽的特性，确保观众通过 5G 网络观看演唱时现场所有的手机都能正常接入网络且能进行数据流量的交互,避免演唱会现场出现网络拥塞、用户无法接入或接入体验速率变差的情况。通过切片来识别这些不同场景的应用,从而进行相应的保障。

中国移动研究院副院长黄宇红曾用一个比较生动贴切的例子来形容切片,她表示:"我们的 5G 移动通信网就像交通系统一样,有快车道,有高速公路、铁路,铁路还分高铁、动车、绿皮火车,以及航空等等,整个交通系统满足了不同类型的应用,提供不同类型的服务能力。切片实际上也是让信息通信网络能够具备不同的通信能力、适配不同的应用,包括满足不同客户的需求。"

通过切片,可以高效灵活地部署各种差异性需求业务网络,运营商可以服务更多的商业场景,有机会进入垂直行业的巨大市场,并且统一基础设施以适应所有业务,减少建网和运维成本。

2.5.2　网络切片的定义

网络切片就是将一个物理网络切割成多个虚拟的端到端的网络,每个虚拟网络之间,包括网络内的设备、接入、传输和核心网,都是逻辑独立的,任何一个虚拟网络发生故障都不会影响到其他虚拟网络。每个虚拟网络具备不同的功能特点,面向不同的需求和服务。通过网络切片,在同一张网络上满足不同业务的差异化需求,使得运营商能够在一个通用的物理网络之上构建多个专用的、虚拟化、互相隔离的逻辑网络。

每个网络切片从无线接入网到承载网,再到核心网,在逻辑上都是隔离的,能适配各种类型的业务应用。在一个网络切片内,至少包括无线子切片、核心网子切片和传输子切片,如图 2-24 所示。

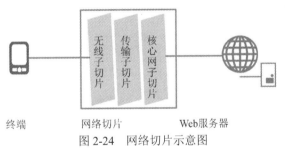

图 2-24　网络切片示意图

(1) 无线子切片。无线子切片通过 QoS 调度或 RB 资源预留等方式对业务进行保障。

(2) 核心网子切片。微服务按业务需求不同进行灵活的编排,对不同的切片选择部署不同的微服务功能。切片的微服务可以灵活部署在网络的不同位置。

(3) 传输子切片。传输承载网可以实现基于 VPN(Virtual Private Network,虚拟专用网络)的软切片和基于 FlexE 的硬切片。

网络切片是 5G 区别于 4G 的标志性技术,它提供了一种"网络即服务"的模型,是一个端到端的完整的逻辑网络,能够根据网络中用户动态的业务需求灵活地重构、管理和释放切片,并动态分配和管理网络资源,为网络中多样且复杂的通信场景提供定制化虚拟网络。同传统移动通信网络相比,基于网络切片的无线网络具有如下优势:

(1) 网络切片与传统"一刀切"式的网络相比,其以一种虚拟专网的形式给用户提供服务,各切片的诸如 VMs(Virtual Machines,虚拟主机)、频谱和计算等专属网络资源都能得到很好的保障，从而为其服务用户提供稳定良好的性能体验。

(2) 网络切片是一种针对特定应用场景需求定制化的端到端虚拟网络，其能根据服务用户数量的改变和业务负载的变化动态缩放、灵活配置。

(3) 网络切片间能实现逻辑上的相互隔离，各切片内部可以独立地采用任意满足自己通信需求的协议、策略和算法，各切片间的网络配置互不影响。某一个切片发生错误或故障不会影响系统中其他网络切片的正常运作，且一个切片的漏洞不会影响其他切片正常提供服务甚至危及整个网络的稳定。因此，各网络切片间的安全性和可靠性得到增强，用户数据的隐私性在一定程度上得到保护，也提高了整个网络的安全性和健壮性。

网络切片技术是未来运营商拓展行业客户、催生新型业务、提高网络价值的有力抓手。

2.5.3 5G 端到端切片实现

实现"端到端"的网络切片能力，终端、无线接入网、传输承载网、核心网及管理侧的各域协同至关重要。终端需要具备识别不同业务，并携带相应网络切片标识接入网络的能力；无线网需要具备网络切片粒度的资源按需调度能力；承载网需要实现基于时隙传输等方法的时分网络切片；核心网作为实现端到端切片的关键和端到端管理的中枢，按需组合不同的网络功能，灵活构建核心网络切片。

无线侧时频资源有硬切分和软切分两种方式，硬切分是频率、时间资源以固定的方式分配给每个特定的切片，用户可利用这些静态的无线资源接入切片网络，这种方式易实现，但网络的资源利用率不高。对频谱资源来讲，可以独立预留出一些资源给 uRLLC 这种紧急性的业务使用，然后网络切片的调度管理服务根据切片业务请求的实时到达情况按需分配时频资源，并确保各切片间的资源平衡分配，这种切分方式是软切分，能够让整个频谱资源利用率大幅提升，不会造成资源的浪费。图 2-25 呈现的是无线侧的资源切分示意图，图中左侧是按频域切分资源的硬切分方式，右侧是软切分方式。

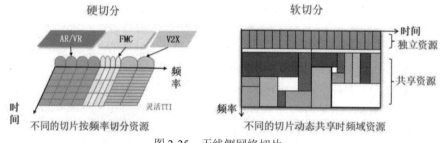

图 2-25 无线侧网络切片

图 2-26 呈现的是承载网侧以 FlexE(Flexible Ethernet，灵活的以太网)为核心构建管道的切片，FlexE 技术基于高速以太网接口，通过以太网 MAC 速率和 PHY 速率的解耦，实现对接口速率的灵活控制，以满足 5G 时代对于大带宽灵活接入的需求。

由于 FlexE 采取了基于时分复用的时隙分配方式，通过 TDM(Time Division Multiplexing，时分复用)技术将一个物理端口切割成多个独立子通道，每个子通道具有独立的时隙和 MAC 层，可以在物理层隔离拥塞，保证业务 QoS 相互独立，实现业务的完全隔离。每个切片网络将会对应一类相同或相似需求的业务，在每一个切片内部，可以通过当前的

VPN、QoS 等机制实现不同用户之间的隔离。从图 2-26 右下侧示意图可以看出实现了 eMBB 业务、uRLLC 业务和 mMTC 业务的完全隔离，每个分片也有独立的视图和资源分配，相较于传统的报文优先级调度方式，采用 FlexE 实现承载网切片，不同业务独占带宽、严格隔离、互不影响，某一个切片发生错误或故障不会影响系统中其他网络切片的正常运作。

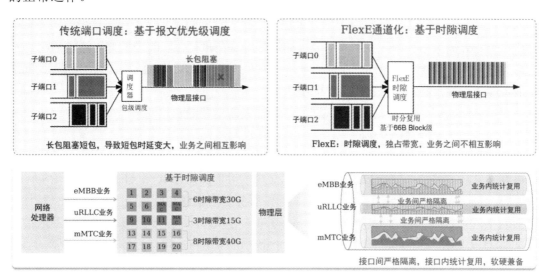

图 2-26　承载网网络切片

核心网用切片来满足多样的商业需求，针对不同的应用场景，组合所需的用户面和控制面的相应网络功能。图 2-27 所示的某核心网被"切"成四"片"：远程控制切片、车联网切片、4K 视频切片、智能抄表切片。目前 5G 的三大主流应用场景：eMBB、uRLLC、mMTC，就是根据网络对用户数、QoS、带宽等的不同要求定义的三个通信服务类型，分别对应着三个切片。

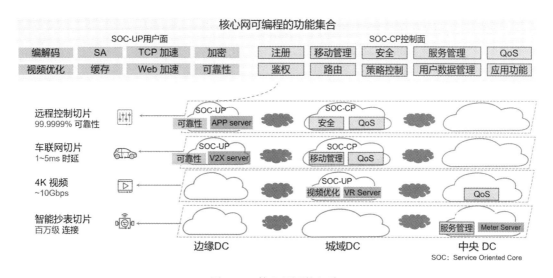

图 2-27　核心网网络切片

核心网络切片技术的实现主要依赖于 SDN 和 NFV 技术。NFV 是先决条件，NFV 从传统网元设备中分解出软硬件的部分。硬件部分由通用服务器统一部署，软件部分由不同的 NF(网络功能)承担，从而实现灵活组装业务的需求。网络经过功能虚拟化后，无线接入网部分叫边缘云(Edge Cloud)，而核心网部分叫核心云(Core Cloud)。边缘云中的 VMs 和核心云中的 VMs，通过 SDN 互联互通。SDN 是一种新的网络体系结构，它具有灵活可管理的特性，使其非常适合 5G 网络应用的大带宽和动态带宽的需求。这种体系结构改善原有的扁平结构，分离数据平面和控制平面，可通过控制平面进行统一管理，并可通过调用 API 接口进行统一编程管理，是向上层应用和服务提供支持的底层基础结构。利用 SDN，网络管理员能够在整个网络中提供服务，而不需要考虑硬件组件。

对运营商而言，自动化运营是实现网络切片灵活运营的必然要求。传统的网络管理和运营面向的是统一的网络基础设施，而网络切片使移动网络和业务耦合，这就需要通过自动化的部署、管理和运营实现网络切片的灵活引入。切片究竟是如何切下去的，从运营商的角度来说就是编排部署，切的逻辑概念，就变成了对资源的重组。重组是根据 SLA(Service Level Agreement，服务等级协议)为特定的通信服务类型选择它所需要的虚拟和物理资源。SLA 包括用户数、QoS、带宽等参数，不同的 SLA 定义了不同的通信服务类型。对应的功能实体有 CSMF (Communication Service Management Function，通信服务管理功能)、NSMF(Network Slice Management Function，切片管理功能)、NSSMF(Network Slice Subnet Management Function，子切片管理功能)和 MANO(Management and Orchestration，管理和编排)，切片流程示意图如图 2-28 所示。

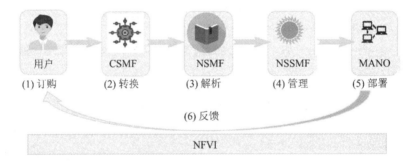

图 2-28　切片流程示意图

编排部署的流程大致分为六步，具体如下：

(1) 场景用户在门户网站订购通信服务。

(2) CSMF 完成用户需求到 SLA 的转换。

(3) NSMF 根据 SLA 选择合适的子切片。

(4) NSSMF 负责完成子切片的资源申请，并对子切片进行生命周期管理。

(5) 由 MANO 在 NFVI(NFV Infrastructure，网络功能虚拟化基础设施)上完成各子切片以及其所依赖的网络、计算、存储资源的部署。

(6) 管理系统会反向通知场景用户切片部署完成，可以使用通信服务，后续用户可以对切片进行优化调整。

2.6　5G 网络安全增强技术

2.6.1　网络安全威胁

网络安全是网络赖以生存的保障，尤其在当今社会，人们的生活、工作、重要信息甚至财产都与网络息息相关，因此网络安全就显得尤为重要。5G 为全世界数十亿人提供了高速连接，构建新的互联网形态，成为万物互联的新型关键性基础设施。工业互联网、车联网、智能电网、智慧城市、军事自组织网络等都将构建在 5G 网络上，5G 的网络安全得到世界各国的高度重视。目前，5G 面临的安全威胁有两类，一类来自 5G 网络的域外，另一类来自 5G 网络的域内。如图 2-29 所示，在运营商网络与外部网元的五处接口，易遭到域外安全攻击。

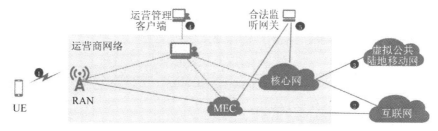

图 2-29　5G 网络域外安全威胁

常见的安全威胁有以下几种：

(1) 空口安全威胁。空口安全威胁主要包括用户数据、信息遭窃听、篡改和 DDoS (Distributed Denial of Service，分布式拒绝服务)攻击、伪基站问题、非授权终端违法接入网络、空口恶意干扰等。其中 DDoS 攻击的原理是借助于客户/服务器技术，将多个计算机联合起来作为攻击平台，对一个或多个目标发动 DoS (Denial of Service，拒绝服务)攻击，从而可成倍地提高拒绝服务攻击的威力。在空口利用 DDoS 攻击能拒绝合法用户接入网络。

(2) Internet 安全威胁。Internet 安全威胁主要有用户数据遭到传输泄露、篡改，仿冒网络应用拒绝特定服务，Internet 侧 DDoS 攻击，拒绝数据业务，API 非授权访问。

(3) 网络漫游安全威胁。在漫游区域拜访网络与本地核心网接口处，用户敏感信息可能被传输泄露、篡改，仿冒转接运营商拒绝服务。

(4) 外部访问 EMS(Element Management System，网元管理系统)安全威胁。包括用户敏感信息传输泄露、非授权用户的越权访问、合法用户的恶意操作、DoS 攻击瘫痪运维功能、数据被非法访问等风险。

(5) 合法监听访问安全威胁。在合法监听网关位置有非法监听网关接入，监听目标号码泄露，监听端口数据窃听和攻击等威胁。

5G 网络内部的安全威胁包括 SBA 服务化架构威胁、MEC 模块间威胁、网元间接口威胁、网元内模块间接口威胁。如图 2-30 所示，5G 域内标注的多个网元位置处容易遭到各种类型的攻击，进而形成完全威胁，具体内容如下：

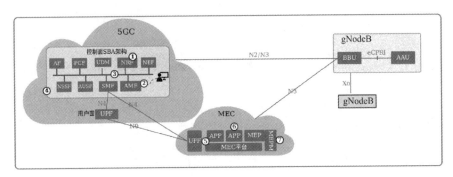

AF—Application Function(应用功能); MEP—Mobile Edge Platform(移动边缘平台);

MEPM—Mobile Edge Platform Manager(移动边缘平台管理器)。

图 2-30　5G 域内安全威胁

(1) SBA 服务化架构威胁。5GC 控制面采用 SBA 架构，攻击者可以利用网元的漏洞攻陷某个网元，在图 2-30 中 5G 域内标注的网元位置可能会遭到以下类型的攻击。

① 对 NRF(Network Repository Function，网络存储库功能)进行 DoS 攻击，导致服务无法注册/发现。

② 攻击者假冒 NF 接入核心网络，进行非法访问。

③ NF 间传输的通信数据被窃听和篡改。

④ 利用业界公开已有的 HTTPS(Hyper Text Transfer Protocol over Secure Socket Layer，超文本传输安全协议)漏洞进行攻击。

(2) MEC 模块间威胁。具体有以下几种：

① 恶意 APP(Application，应用程序)对 MEC 平台或者 UPF、 VNF 进行攻击。

② APP 间抢占资源(计算/存储/网络)，影响其他 APP。

③ 越权进行第三方应用的管理运维。

(3) 网元间接口、网元内模块间接口威胁。如 Xn 接口、N3 接口处攻击者会窃听传输数据，篡改传输数据，非法访问网元/模块。

2.6.2　5G 空口安全

5G 空中接口为 UE 与 gNodeB 之间的无线接口，UE 的所有数据都会经过该接口，空口的安全非常重要，5G 网络采用了多项措施，如双向认证、身份标识加密、用户面完整性保护等来保障空口数据的安全。

1. 双向认证

5G 采用双向认证来保证接入网络用户的合法性。如图 2-31 所示，UE 要接入网络，需通过 RAN 与核心网互相认证鉴权，与 2G 的单向认证相比，双向认证的安全性更高。2G 只需对 UE 身份进行认证，若误接入伪基站，则数据容易被窃取。5G 网络建网时间较短，在性能出现问题时会回退到传统网络，若回退到 2G 网络则无法解决伪基站问题，如果要有效防御 2G 伪基站，需 UE 侧关闭 2G 功能或删除 2G 模组。

图 2-31　双向认证原理示意图

2. 加密传输

除了双向认证，5G 还对 UE 的身份信息进行加密传输，这样能有效防止数据被窃听。在 4G 网络中，UE 要接入网络以传输自己的身份标识 IMSI(International Mobile Subscriber Identity，国际移动用户标识)或 TMSI(Temporary Mobile Subscriber Identity，临时移动用户标识)。如图 2-32 左侧框图所示，当 UE 附着到某小区时需明文传递 IMSI，若被攻击者窃听，则会被利用以跟踪定位用户，存在泄露风险。在 5G 网络中，UE 的身份标识为 SUPI(Subscription Permanent Identifier，用户永久标识)，类似于 4G 的 IMSI，在 UE 附着某小区时将对 SUPI 进行加密传输，通过公钥加密后的密文被称为 SUCI(Subscription Concealed Identifier，用户隐藏标识符)，SUCI 传送给基站后，基站将其直接上传至核心网。如图 2-32 右侧框图所示，此时攻击者无法获取 UE 的身份标识。

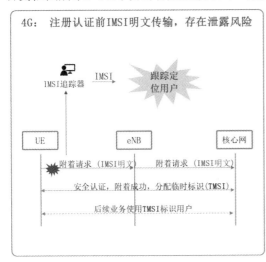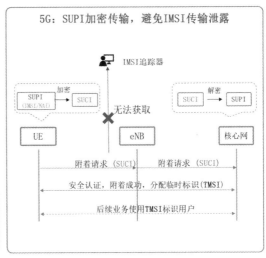

NAI—Netwcrk Access Identifier(网络接入标识符)。

图 2-32　UE 附着的信息交互示意图

传统网络使用的密钥长度为 64b 或 128b，利用类似 Summit(当前最先进的超级计算机，运行于美国橡树岭国家实验室)的超级计算机进行解密，对 64b 的密钥解密花费的运算时间只需 3～4 s，若密钥长度为 128b，则需要上亿年的解密时间。超级计算机仅少量国家的国家级实验室拥有，网络即便回退到 2G/3G/4G，也足够安全。5G 网络使用的密钥长度增强为 256b，安全性能更高，能够防御未来量子计算风险。

3. 用户面增加完整性保护

GSMA 漏洞发布平台于 2018 年 6 月 27 日公布了一个 LTE 的漏洞,该漏洞由 LTE 标准中的缺陷引发,因为没有使用强制性的用户面数据的完整性保护,使得 LTE 链路上的数据可被篡改,例如可以篡改 DNS(Domain Name System,域名系统)请求和响应。由于该攻击发生于数据链路层,任何上层协议针对 DNS 可用的防护措施都将失效,如图 2-33 左侧框图所示(漏洞攻击仅在实验室特定场景下可实现,商用 4G 网络即可抵御该攻击)。

5G 网络中增加了用户面完整性保护功能,如图 2-33 右侧框图所示。5G 对用户面数据可按需提供空口到核心网之间的用户面数据加密和完整性保护,能有效防止篡改用户数据。

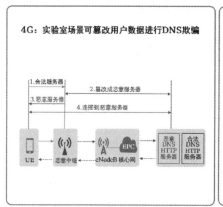

HTTP—Hyper TextTtransfer Protocol(超文本传输协议)。

图 2-33　4G 与 5G 用户完整性保护对比示意图

2.6.3　5G 网络安全保障

针对 5G 网络面临的安全威胁,5G 引入了多项协议来保障域内、域外的安全。在 SA 组网方式下,在漫游区域内,归属网络方用户通过接入拜访网络方 5G 网络的方式使用 5G 业务,漫游发生在两个 5G 核心网之间。5G 采用 SEPP(Security Edge Protection Proxy,安全边缘保护代理)和 TLS(Transport Layer Security,传输层安全)协议来保障用户数据的安全。SEPP 是 5G 漫游安全架构的重要组成部分,是运营商核心网控制面之间的边界网关。SEPP 是一个非透明代理,实现跨运营商网络中网络功能服务消费者与网络功能服务提供者之间的安全通信,负责运营商之间控制平面接口上的消息过滤和策略管理,提供了网络运营商网间信令的端到端保护,防范外界获取运营商网间的敏感数据。

基于 SEPP 的安全机制主要包括消息过滤、访问控制和拓扑隐藏。

(1) 消息过滤。在 5G 漫游过程中,运营商需要在其 SEPP 上对来访的协议消息进行过滤和控制。

(2) 访问控制。SEPP 需要实现对通信对端运营商数据的校验,包括判断消息来源的真实性、所请求的信息是否只限于对端运营商用户和本网运营商用户等。

(3) 拓扑隐藏。漫游场景涉及跨 PLMN(Public Land Mobile Network,公共陆地移动网)之间的 NF 通信,在通信过程中,为避免对端 PLMN 基于 FQDN(Fully Qualified Domain Name,全限定域名)信息获取本端的拓扑信息,需要 SEPP 将所有发往其他 PLMN 消息中的本端 NF 的 FQDN 进行拓扑隐藏。

SEPP 提供了信令的端到端保护，在漫游期间用户面的数据通过 TLS 安全协议进行加密以及完整性保护。

在 NSA 组网方式下，若漫游区域内没有 5G 网络，则会拜访 3G/4G 网络，漫游发生在 5G 核心网与传统核心网之间，此时 5G 通过部署安全网关保证 5GC 与 3G/4G 核心网漫游安全，如图 2-34 所示。通过这些措施，5G 能够避免一些恶意的运营商通过 SS7 (Signaling System No.7，七号信令系统)公共信道和 Diameter(直径)协议等通道，入侵其他运营商。

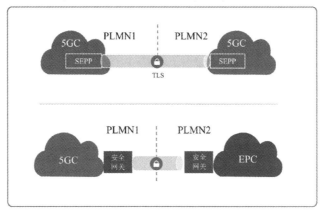

图 2-34   5G 漫游安全增强机制

此外，3GPP 各网元间支持使用 IPSec(Internet Protocol Security，因特网安全协议)保护传递信息安全。IPSec 是一组基于网络层的、应用密码学的安全通信协议族。IPSec 的设计目标是在 IPv4(Internet Protocal Version 4，第 4 版 IP 协议)和 IPv6(Internet Protocal Version 6，第 6 版 IP 协议)环境中为网络层流量提供灵活的安全服务，IPSec 能够加密和校验数据来确保数据传输的机密性和完整性，并通过认证确保数据源的真实性。如图 2-35 左侧框图所示，5GC 能通过 IPSec 隧道与其他接入网建立安全通信。

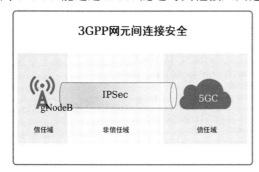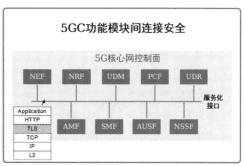

图 2-35   3GPP 网元间与 5GC 内部模块间安全保障

针对域内安全威胁，5GC 功能模块间使用 HTTPS 保护传递信息安全，如图 2-35 右侧框图所示。HTTPS 是业界通用协议，由 HTTP 和 SSL(Secure Sockets Layer 安全套接字) / TLS 两部分组成。最初，HTTP 在传输数据时使用的是明文，这样带来了很多安全隐患，后来引入 TLS 对 TCP(Transmission Control Protocol，传输控制协议)传输数据时进行加密和完整性保护，就构成了 HTTPS。TLS 协议能够对传输数据进行加密和完整性保护，还能进行身份认证，通过双向身份认证能够防止假冒 NF 接入网络。

综上所述,5G 通过增加和改进安全特性,相较于传统网络,在网络安全上有较大进步,对于提高未来网络和应用的安全具有重要作用。

习　　题

一、判断题

1. 增加带宽可以增加 5G 网络容量和速率。(　　)

2. 高频比低频绕射能力强,穿透能力强。(　　)

3. 5G 网络应用高频通信时,其覆盖往往受限于下行。(　　)

4. LTE 中最高阶调制支持 64QAM。(　　)

5. F-OFDM 技术可以提升频谱利用率。(　　)

6. 5G 的子载波带宽固定为 15 kHz。(　　)

7. 缩短 TTI 时间可以降低时延。(　　)

8. 无线信号差会增加系统时延。(　　)

9. NR 空口的调度周期可以灵活变动。(　　)

10. 5G 网络切片是基于用户定义的逻辑网络。(　　)

11. 5G 网络切片只能在无线网和核心网实现。(　　)

12. 5G 无线网络切片可以针对协议栈进行订制裁剪。(　　)

二、单选题

1. TTI 是指什么单位?(　　)

A. 资源调度单位　　　　　　　　　　　　B. 帧

C. 时隙　　　　　　　　　　　　　　　　D. 符号

2. 5G 上下行链路采用的 HARQ 协议为(　　)。

A. 同步 HARQ　　　　　　　　　　　　　B. 异步 HARQ

C. 传统 HARQ　　　　　　　　　　　　　D. 定时 HARQ

3. 3GPP 组织在 Rel-12 版本的协议里面新增了以下哪种调制技术?(　　)

A. 128QAM　　　　　　　　　　　　　　B. 256QAM

C. 512QAM　　　　　　　　　　　　　　D. 1024QAM

4. LTE 控制信道采用的编码为(　　)。

A. 卷积　　　　　　　　　　　　　　　　B. Turbo

C. Turbo2.0　　　　　　　　　　　　　　D. LDPC

5. 5G 控制信道采用的编码为(　　)。

A. 分组码　　　　　　　　　　　　　　　B. 卷积码

C. Turbo 码　　　　　　　　　　　　　　D. Polar 码

三、多选题

1. 5G 的 eMBB 场景中协议制定的编码标准有(　　)。

A. 分组码　　　　　　　　　　　　　B. 卷积码

C. LDPC　　　　　　　　　　　　　　D. Polar

2. 5G 网络提升效率的技术有(　　　)。

A. SCMA　　　　　　　　　　　　　　B. F-OFDM

C. 高阶调制　　　　　　　　　　　　D. HARQ

3. 5G 网络中降低时延的技术有(　　　)。

A. 用户面下沉　　　　　　　　　　　B. 免授权调度

C. 全双工　　　　　　　　　　　　　D. D2D

4. 5G 网络中 D2D 技术的频谱分配方案有(　　　)。

A. 利用小区剩余频谱　　　　　　　　B. 复用小区上行频谱

C. 复用小区下行频谱　　　　　　　　D. 随机分配频谱

5. 5G 网络切片的意义有(　　　)。

A. 灵活按需部署业务　　　　　　　　B. 运营商可提供高质量的服务

C. 可统一网建基础设施　　　　　　　D. 可减少运营商的运维成本

6. 5G 网络切片按照网络位置主要有以下哪几类?(　　　)

A. 无线网切片　　　　　　　　　　　B. 核心网切片

C. 传输网切片　　　　　　　　　　　D. 硬切片

第3章 5G网络基本业务流程

3.1 开机入网流程

当 UE 开机后，它的首要任务就是找到无线网络并与之建立连接。如图 3-1 所示，UE 在完成 PLMN 搜索与频点扫描后，通过小区搜索与 gNodeB 取得时间和频率同步，读取系统消息并判断当前小区是否可以驻留。再通过随机接入完成上行同步，进而建立 RRC 连接，发起并完成 Register(注册)流程。

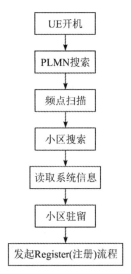

图 3-1 开机入网流程

UE 入网过程主要包含以下几个子过程：

(1) PLMN 搜索。手机关机前 SIM(Subscriber Identity Module 客户识别模块)卡会保存最后一次服务的 PLMN 和小区信息，开机后会优先选择 SIM 卡里的信息，如果发现 SIM 卡的信息和当前小区信息不一致，会重新搜索 PLMN。

(2) 频点扫描。UE 根据其自身的能力和设置，进行全频段搜索，接入层将搜索到的 PLMN 列表上报给 UE 的非接入层。如果 UE 搜索到多个 PLMN，按照 PLMN 规则选择一个 PLMN。

(3) 小区搜索(下行同步)。UE 通过小区搜索实现与 gNodeB 下行时频同步，接收和解调 PSS 获取小区组内 ID，接收和解调 SSS 获取小区组 ID，得到服务小区 ID。

(4) 读取系统信息(多种接入参数)。读取 PBCH 信道，获得 MIB 消息；读取 PDSCH 信道，获得系统消息。

(5) 小区驻留。根据 S 准则判断小区是否适合驻留，对满足 S 准则的小区 UE 通过随机接入流程与网络建立上行同步，新开机 UE、空闲态 UE、失步态 UE 以及切换入 UE 均需随机接入。随后与服务小区建立 RRC 连接，驻留在服务小区。

(6) 发起 Register(注册)流程。UE 注册到 5G 网络，网络侧开始维护该 UE 的上下文。

3.1.1　随机接入过程

随机接入是 UE 开始与网络通信之前的接入过程，由 UE 向系统请求接入，收到系统的响应并分配信道的过程。随机接入的目的是与网络建立上行同步关系以及请求网络分配给 UE 专用资源，进行正常的业务传输。

在 5G 网络中，以下九种场景会触发随机接入，其中场景(6)用于 NSA 组网模式，其余都用于 SA 组网模式。

(1) 初始 RRC 连接建立。当 UE 从空闲态转到连接态时，UE 会发起随机接入。

(2) RRC 连接重建。当无线连接失败后，UE 需要重新建立 RRC 连接时，UE 会发起随机接入。

(3) 切换。UE 进行切换时，UE 会在目标小区发起随机接入。

(4) 失步状态下行数据到达。当 UE 处于 RRC_CONNECTED(RRC 连接态)，基站有下行数据需要传输给 UE，却发现 UE 上行失步状态(基站侧维护一个上行定时器，如果上行定时器超时，基站没有收到 UE 的 Sounding 信号，则基站认为 UE 上行失步)，基站将控制 UE 发起随机接入。

(5) 失步状态上行数据到达。UE 处于连接态，UE 有上行数据需要传输给基站，却发现自己处于上行失步状态(UE 侧维护一个上行定时器，如果上行定时器超时，UE 没有收到基站调整 TA(Timing Advance，时间提前量)的命令，则 UE 认为自己上行失步，UE 将发起随机接入。

(6) SCG 添加或者变更场景。UE 在 NR 侧做随机接入。

(7) 基于随机接入请求 SI(System Information，系统消息)。UE 需要请求特定 SI 时会发起随机接入流程。

(8) UE 从 RRC_INACTIVE(RRC 非激活态)到 RRC_CONNECTED(RRC 连接态)状态。

(9) 波束恢复。当 UE PHY 层检测到波束失步时，会通知 UE MAC 发起随机接入流程。

与 LTE 相同，NR 随机接入过程分为基于竞争的随机接入和基于非竞争的随机接入两种，如果 Preamble(前导)码由 UE 选择，则为基于竞争的随机接入，由于接入的结果具有随机性，因此并不能保证 100%接入成功。反之，如果 Preamble 码由网络分配，则为非竞争的随机接入，在这种情况下，gNodeB 为 UE 分配专用的 RACH 资源进行接入，但当专用的 RACH 资源不足时，gNodeB 会指示 UE 发起基于竞争的随机接入。切换过程和有下行数据到达的情况下使用基于非竞争的随机接入，其他使用基于竞争的随机接入。基于竞争的随机接入和基于非竞争的随机接入的 Preamble 码归属于不同的分组，互不冲突。

NR 随机接入流程总体上与 LTE 相同，但由于 NR 默认支持波束赋形，所以 UE 需要检测并选择用于发送 PRACH 的最佳波束，其他流程与 LTE RACH 过程没有根本区别。随机接入前，物理层应该从高层接收到随机接入信道 PRACH 的相关参数，包括 PRACH 配置、频域位置、Preamble 码格式等，小区使用 Preamble 根序列及其循环位移参数，以解调随机接入 Preamble 码。物理层的随机接入过程主要包含 UE 发送随机接入 Preamble 码以及 gNodeB 对随机接入的响应两个步骤，具体流程如图 3-2 所示。

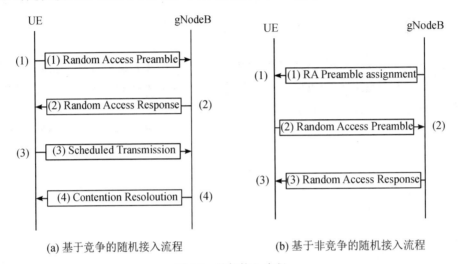

(a) 基于竞争的随机接入流程　　　　　　(b) 基于非竞争的随机接入流程

图 3-2　随机接入流程

基于竞争的随机接入流程如图 3-2(a)所示，包含以下四个步骤：

(1) UE 发送随机接入前导——MSG1(Message，消息)：该消息中携带了 Preamble 码。

(2) gNodeB 发送随机接入响应——MSG2：gNodeB 侧接收到 MSG1 后，返回随机接入响应，该消息中携带了 TA 调整和上行授权指令以及 TC-RNTI(Temporary Cell RNTI，临时小区 RNTI)号。

(3) UE 进行上行调度传输——MSG3：UE 收到 MSG2 后，判断是否属于自己的随机接入消息(利用 Preamble ID 核对)，并发送携带 UE ID 的 MSG3 消息。

(4) gNodeB 进行竞争决议——MSG4：UE 正确接收 MSG4，完成竞争决议。

基于非竞争的随机接入流程如图 3-2(b)所示，包含以下三个步骤：

(1) gNodeB 根据业务需求，给 UE 分配一个特定的 Preamble 码。

(2) UE 接收到信令指示后，在特定的时频资源发送指定的 Preamble 码。

(3) gNodeB 收到随机接入 Preamble 码后，发送随机接入响应，再进行后续的信令交互和数据传输。

3.1.2　RRC 连接的建立

完成随机接入流程后进入空口 RRC 建立阶段，UE 在 RRC 空闲状态下收到高层请求建立信令连接的消息后，发起 RRC 连接建立流程。具体流程如图 3-3 所示，UE 通过信令承载 SRB0 向 gNodeB 发送 RRC 连接请求消息，如果 RRC 连接请求消息的冲突解决成功，UE 将从 gNodeB 收到 RRC 连接建立消息。UE 根据 RRC 连接建立消息进行资源配置，并进入 RRC 连接状态，配置成功后向 gNodeB 反馈 RRC 建立完成消息。

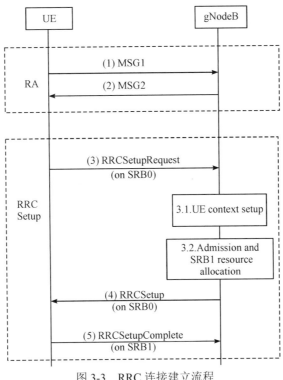

图 3-3　RRC 连接建立流程

3.1.3　注册流程

UE 建立 RRC 连接后需要通过执行注册流程完成开机入网过程并获得网络的授权,后续才能够使用网络提供的各种服务。5G 网络的注册分类有以下几种:

(1) 初始注册。UE 开机入网或从其他网络进入 5G 网络就会触发初始注册流程。

(2) 移动更新注册。UE 一旦移动到新的 TA(Tracking Area, 跟踪区)小区, 这个新 TA 已经不属于 UE 的注册区域了, 因此就要触发移动性更新注册。

(3) 周期性注册。如果周期性注册定时器超时, 那么就会触发周期性注册, 这种注册类似于心跳机制, 目的是让网络知道 UE 在服务区处于开机状态。

注册流程分为身份验证和 NAS 层注册两个阶段。UE 开机并建立 RRC 连接后, 就会触发核心网的注册流程。首先 NAS 层对用户的合法性和安全性进行验证, 并生成后续需要使用的安全密钥;完成身份验证和获取安全密钥之后, UE 将会触发 NAS 层注册信令流程, 在网络侧建立 UE 上下文。图 3-4(a)为身份验证流程,图 3-4(b)为 NAS 层注册流程, 具体步骤如下:

(1) UE 发起注册流程(初始注册、周期注册或移动更新注册), 在不同的注册类型以及不同的注册场景下, Register Request(注册请求)携带的参数会有所不同, 具体内容可参考 TS23.502 相关协议。接入网根据 UE 携带的参数选择合适的 AMF, 并将 NAS 层的 Registration Request(注册请求)消息发给 AMF。

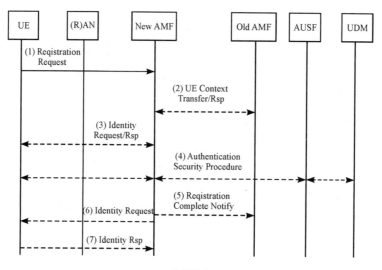

(a) 注册流程

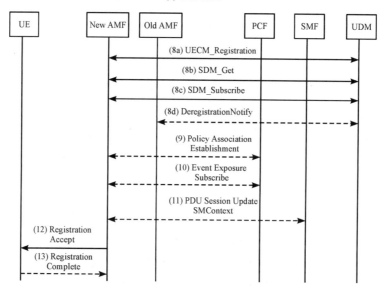

(b)NAS 层注册流程

图 3-4　身份验证流程

(2) 新 AMF 向原 AMF 获取 UE 的上下文信息。

(3) 新 AMF 向 UE 获取 ID 信息。

(4) AMF 选择鉴权服务器，并且完成 UE 与核心网之间的鉴权过程。

(5) 新 AMF 通知原 AMF UE 的注册结果。

(6) 新 AMF 向 UE 获取 PEI (Permanent Equipment Identifier，永久设备标识符)。

(7) UE 向新 AMF 传输 PEI，PEI 应该进行加密传输。

(8) AMF 与 UDM 进行的交互，具体过程又分为以下四个步骤：

① 步骤(8a)：AMF 将 UE 注册到 UDM。

② 步骤(8b)：AMF 从 UDM 获取 UE 的签约信息，包括 UE 的接入和移动订阅数据，UE 在 SMF 的上下文信息等。

③ 步骤(8c)：AMF 在 UDM 进行签约信息改变的订阅。

④ 步骤(8d)：UDM 通知老 AMF 去注册 UE，老 AMF 删除 UE 上下文等信息。老 AMF 向 UDM 取消 UE 的相关订阅。

(9) 如果 AMF 还没有 UE 的有效接入和移动策略信息，那么选择一个合适的 PCF。

(10) AMF 从 PCF 获取接入和移动策略信息。

(11) PDU Session(PDU 会话)更新。

(12) 新 AMF 向 UE 发送 Registration Accept(注册接收)消息。

(13) UE 给网络回复注册完成消息，只有网络给 Registration Accept 消息分配了 5G-GUTI(5G Globally Unique Temporary Identifier，5G 全局唯一临时标识符)或者网络分片订阅发生改变时才需要 UE 回复注册完成消息。

3.2　NR 移动性管理流程

3.2.1　NR 移动性管理流程分类

移动性管理是移动网络的一项基本功能，主要用于保证 UE 能够在移动的情况下享受无中断的服务。通过合理的功率分配，可以实现一定的小区覆盖，但是用户在移动过程中超出小区的合理覆盖范围时，就需要考虑切换覆盖。5G 的移动性管理根据网络架构的不同可以分为以下两种，具体情况如图 3-5 所示。

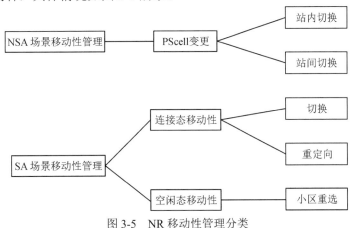

图 3-5　NR 移动性管理分类

(1) NSA 场景移动性管理。此场景主要为 PSCell[Primary Secondary Cell，主辅小区(辅小区组中最主要的小区)]变更。根据目标小区与源小区是否同站，分为站内 PSCell 变更和站间 PSCell 变更。

(2) SA 场景移动性管理。根据 UE 的状态可以分为连接态的移动性管理以及激态和空闲态的移动性管理。对于连接态的移动性管理，根据执行的流程可以分为切换和重定向；对于激活态和空闲态的移动性管理，称为小区重选。

后续将对 NSA 组网和 SA 组网场景下移动性管理的原理及流程进行讨论。

3.2.2　NSA 组网移动性管理流程

NSA 组网模式下的切换流程与 LTE 相差比较大，根据目标小区与源小区是否同站，分为站内 PSCell 变更和站间 PSCell 变更。PSCell 的站内变更是指 PSCell 变更为 SgNB 站内的其他小区，即 SgNB Modification(辅站修改)流程。PSCell 的站间变更是指 PSCell 变更为其他 SgNB 的小区，即 SgNB Change(辅站变更)流程。

PSCell 站内和站间变更流程涉及的环节一致，如图 3-6 所示。其主要包含以下过程：

(1) 测量控制下发。测量参数及事件由 gNodeB 产生，通过 LTE eNodeB 下发给 UE。

(2) 测量报告上报。UE 根据测量结果进行测量事件的判决，若满足事件要求，则触发测量报告上报，NR 采用 A3 事件触发 PSCell 变更。

A3 事件表示邻区信号质量比服务小区信号质量好，终端 UE 进入 A3 事件的条件如下：

$$Mn + Ofn + Ocn\text{-}Hys > Mp + Ofp + Ocp + Off$$

其中，Mn 表示邻区测量结果，Mp 表示服务小区测量结果，Ofn、Ofp 分别表示邻区和服务小区的频率偏置，Ocn 表示邻区偏移量，Ocp 表示服务小区偏置，Hys 表示同频

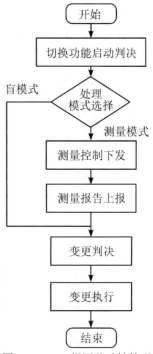

图 3-6　NSA 组网移动性管理
基本流程

切换幅度迟滞，Off 表示偏置参数。5G 小区之间切换时，可以通过调整以上参数来控制切换的难易程度。

(3) 变更判决。基站收到测量报告后，对测量结果进行评估判决，判决测量报告中的小区的有效性，上报邻区为可知邻区，将满足要求的小区生成 PSCell 变更的目标小区列表。选择信号质量最好的小区发起 PSCell 变更准备。

(4) 变更准备与执行。向目标小区发起变更准备，然后执行变更流程。源 PSCell 收到由 eNodeB 通过 X2 带回的 RRC 重配完成消息，认为 PSCell 变更成功；当携带变更失败信息的 RRC 重配消息失败时，则 UE 会发生 RRC 重建。

1. SgNB 站内切换

SgNB 站内切换又被称为 SgNB Modification 流程，信令流程如图 3-7 所示。图中各步骤执行的内容如下：

(1) SgNB 根据 MeNB 的 A3 测量报告，向 MeNB 发送 SgNB Modification Required(辅站修改变更请求)消息，消息中携带目标 5G 小区标识和 NR RRC 配置消息等。

(2) 若 MeNB 决定重配 MCG Bearer(主服务小区组承载)，则 MeNB 会触发 SgNB Modification 流程。

(3) SgNB 确认后，会反馈 SgNB Modification Request Acknowledge(辅站修改变更请求确认)消息。

(4) MeNB 向 UE 发送 RRC Connection Reconfiguration(RRC 连接重配)消息，包括 NR RRC 配置消息。

(5) UE 接收到 RRC 重配置消息后完成重配置，并向 MeNB 反馈 RRC Connection Reconfiguration Complete(RRC 连接重配完成)消息，包括 NR RRC 响应消息。

(6) UE 成功完成重配置后，MeNB 向 SgNB 发送 SgNB Modification Confirm(辅站修改确认)消息。

(7) UE 执行到 SgNB 的同步时，发起向 SgNB 的随机接入流程。

(8) 可选流程。对于承载类型变更场景，为减少当前服务中断时间，需要进行 MeNB 和 SgNB 间的数据转发准备。

(9) 数据转发。

(10) 可选流程。SgNB 向 MeNB 上报 NR 流量。

(11) 可选流程。当分流模式变更时，执行 SgNB 和 EPC 之间的用户面路径更新操作，即通过 E-RAB Modification Indication(E-RAB 变更指示,其中 E-RAB 为 Evolved Radio Access Bearer,演进的无线接入承载)指示核心网将 E-RAB 的 S1-U 接口切换到 SgNB。

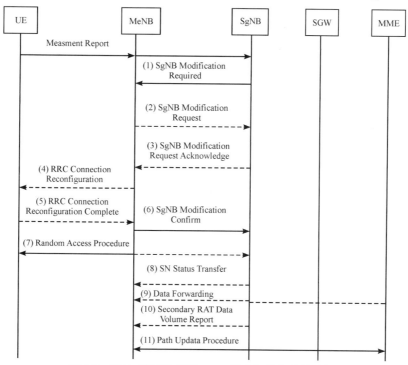

图 3-7　NSA 组网模式下 SgNB 站内切换信令的流程

2. SgNB 站间切换

SgNB 站间切换又被称为 SgNB Change 流程，具体过程如图 3-8 所示。图中各步骤执行的内容如下：

(1) 当 SgNB 收到 A3 测量报告后，选择报告中 RSRP 最强 NR 小区作为目标 NR 切换小区；源 SgNB 通过向 MeNB 发送 SgNB Change Required(SgNB 变更请求)消息触发 SgNB Change 流程，消息中包括目标 SgNB ID 信息和测量结果等。

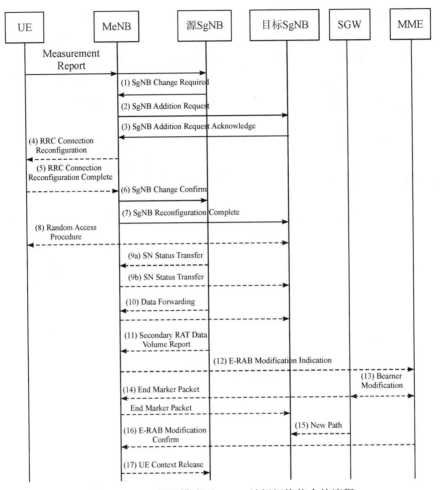

图 3-8　NSA 组网模式下 SgNB 站间切换信令的流程

(2) MeNB 通过向目标 SgNB 发送 SgNB Addition Request(SgNB 添加请求)消息，向目标 SgNB 请求为 UE 分配资源，消息中包括源 SgNB 测量得到的目标 SgNB 的测量结果。

(3) SgNB 对 MeNB 的请求进行响应，在响应消息中携带着与承载、接入相关的 RRC 配置信息。

(4) MeNB 向 UE 发送 RRC Connection Reconfiguration 消息，包括 NR RRC 配置消息。

(5) UE 接收到 RRC 重配置消息后完成重配置，并向 MeNB 反馈 RRC Connection Reconfiguration Complete 消息，包括 NR RRC 响应消息。若 UE 未能完成包括在 RRC Connection Reconfiguration 消息中的配置，则启动重配置失败流程。

(6) 若目标 SgNB 成功分配资源，则 MeNB 确认源 SgNB 资源的释放，向源 SgNB 发送 SgNB Change Confirm(SgNB 变更确认)消息。

(7) 若 RRC 连接重配置流程完成，则 MeNB 通过向目标 SgNB 发送 SgNB Reconfiguration Complete 消息确认重配置完成。

(8) 若为 UE 配置的承载需要 SCG 无线资源,则当 UE 执行到 SgNB PSCell 的同步时，发起向 SgNB 的随机接入流程。

(9) 该步骤具体包含(9a)、(9b)两步，为可选流程。对于承载类型变更场景，为减少当前服务中断时间，需要进行 MeNB 和 SgNB 间的数据转发准备。

(10) 数据转发。

(11) 可选流程。SgNB 向 MeNB 上报 NR 流量。

(12)~(16) 路径转换流程。对于相关分流模式，执行 SgNB 和 EPC 之间的用户面路径更新操作，即通过 E-RAB Modification Indication(E-RAB 变更指示。其中 E-RAB 为 Evolved Radio Access Bearer,演进的无线接入承载)指示核心网将 E-RAB 的 S1-U 接口切换到 SgNB。

(13)~(17) 源 SgNB 收到 UE Context Release(UE 上下文释放)消息后,释放 UE 上下文。

3.2.3　SA 组网空闲态移动性管理流程

空闲态 UE 在小区驻留后，通过监听系统消息，根据邻区测量规则对服务小区以及邻区进行测量，根据小区重选规则选择一个更合适的小区进行驻留。在 SA 组网模式下对处于空闲态 UE 进行管理，包括小区搜索、PLMN 选择、小区选择和小区重选。

1. 小区搜索

小区搜索指 UE 与小区取得时频域同步，得到物理小区标识，获得小区信号质量与小区其他消息的过程。小区搜索关键过程如下：

(1) 检索 PSS 信号，获得半帧同步，获取 PCI 组内 $N_{\text{ID}}^{(2)}$。

(2) 根据获得的 PSS 信号时域位置去检索 SSS 信号，获得帧同步，获取 PCI 组编号 $N_{\text{ID}}^{(1)}$。

(3) 获取完整 PCI，$\text{PCI} = (3 \times N_{\text{ID}}^{(1)}) + N_{\text{ID}}^{(2)}$。

(4) 获得 PCI 之后，就可以确定 CRS、PBCH 的位置，进而获取小区信号质量。

(5) 解调出 PBCH 之后，就能得到 MIB，进而获取小区其他信息。

2. PLMN 选择

UE 根据 NAS 指定的 PLMN 进行小区搜索，PLMN 可以唯一标识一个通信运营商，由 MCC (Mobile Country Code，移动国家代码)和 MNC(Mobile Network Code，移动网络代码) 组成。只有当 UE 能够提供需要注册的服务时，才需要在所选 PLMN 上进行注册；否则，PLMN 选择过程无须注册即可执行。PLMN 选择的基本流程如图 3-9 所示。

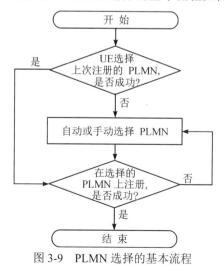

图 3-9　PLMN 选择的基本流程

3. 小区选择

小区选择的目的是使 UE 选择一个合适的小区进行驻留，驻留条件不能太宽松，否则业务质量无法保证；当然，驻留条件也不能太苛刻，以免导致 UE 无法驻留网络，影响用户感知。当 UE 开机入网或从连接态转移到空闲态时，在完成小区搜索后需要进行小区选择，选择一个 Suitable Cell(合适的小区)驻留。UE 进行小区选择的过程如下：

(1) 根据在 RRC Connection Release(RRC 连接释放)信息中分配的频点信息选择 Suitable Cell 驻留。

(2) 若选不到 Suitable Cell，则尝试选择在连接态时所在的最后一个小区，作为 Suitable Cell 驻留。

(3) 若仍选不到 Suitable Cell，则尝试采用 Stored Information Cell Selection(存储信息小区选择)方式选择小区，寻找 Suitable Cell 驻留。

(4) 若仍选不到 Suitable Cell，则启用 Initial Cell Selection(初始小区选择)方式选择小区，寻找 Suitable Cell 驻留。

(5) 若 Initial Cell Selection 方式也选不到 Suitable Cell，UE 将进入 Any Cell Selection State(任意小区选择状态)。

UE 根据 S 准则进行小区选择，只有满足此条件的小区才作为 Suitable Cell，可以给 UE 提供正常的服务，UE 才能够选择驻留，S 准则的判决公式为：$S_{rxlev} > 0$ 且 $S_{qual} > 0$。其中：

$$S_{rxlev} = Q_{rxlevmeas} - (Q_{rxlevmin} + Q_{rxlevminoffset}) - P_{compensation} - Qoffset_{temp}$$

$$S_{qual} = Q_{qualmeas} - (Q_{qualmin} + Q_{qualminoffset}) - Qoffset_{temp}$$

公式中各个参数的含义如表 3-1 所示。

表 3-1 小区选择参数的含义

参数名称	参数的含义
S_{rxlev}	小区选择接收电平值 (dB)
S_{qual}	小区选择接收信号质量值(dB)
$Q_{rxlevmeas}$	测量小区接收电平值 (RSRP)
$Q_{rxlevmin}$	小区要求的最小接收电平值 (dBm)
$Q_{rxlevminoffset}$	相对于 Qrxlevmin 的偏移量，防止"乒乓"选择
$P_{compensation}$	补偿值，max($P_{emax} - P_{umax}$, 0) (dB)
P_{emax}	UE 上行发射时，可以采用的最大发射功率(dBm)
P_{umax}	UE 能发射的最大输出功率(dBm) [TS 38.101]
$Qoffset_{temp}$	接入临时偏移，由 gNodeB 设置
$Q_{qualmeas}$	测量小区接收信号质量值 (RSRQ)
$Q_{qualmin}$	小区要求的最小接收信号质量值 (dB)
$Q_{qualminoffset}$	相对于 $Q_{qualmin}$ 的偏移量，防止"乒乓"选择

4. 小区重选

当 UE 处于空闲态或非激活态时，在小区选择之后 UE 需要持续地监控邻区和当前小区的信号质量，以便驻留到优先级更高或信道质量更好的小区。当邻区的信号质量满足 S 准则且满足一定的重选判决准则时，UE 将接入该小区驻留。

在重选过程中，网络通过设置不同频点的优先级，可以达到控制 UE 驻留的目的。频点优先级参数是根据频点来定义的，即相邻小区如频点相同则优先级相同，如频点不同，则可定义优先级为高、低和相同三种类型。网络可根据此参数确定重选小区的倾向性，总体原则是尽可能不在频点低优先级(邻区优先级低于服务小区)时进行小区重选，而在频点高优先级时实现小区的重选。

小区重选包括测量启动和重选触发两个过程，相邻小区优先级不同会影响对邻区的启测和重选判决条件，具体信息如表 3-2 所示。本节主要讨论同频小区的重选过程。

表 3-2　不同优先级邻区的小区重选区别

同频/异频	频点优先级(邻区相对服务小区)	重选邻区启动测量影响	重选判决影响
同频	同	满足 $S_{rxlev} > S_{intrasearchP}$ 和 $S_{qual} > S_{intrasearchQ}$，可不测量；否则启动对邻区测量	UE 在服务小区驻留超过 1 s；满足 S 准则 在 $T_{reselection}$ 时间内，满足 R 准则
异频	同	满足 $S_{rxlev} > S_{nonintrasearchP}$ 和 $S_{qual} > S_{nonintrasearchQ}$，可不测量；否则启动对邻区测量	
	低		服务小区电平或质量小于某门限值，目标小区电平或质量大于某门限值
	高	始终需要测量	只需要邻区满足质量或电平条件

注：$S_{intrasearchP}$(同频测量启动门限电平)；$S_{intrasearchQ}$(同频测量启动门限质量)；$S_{nonintrasearchP}$(异频测量启动门限电平)；$S_{nonintrasearchQ}$(异频测量启动门限质量)；$T_{reselection}$(重选时间)。

同频小区的重选过程具体如下：

(1) 测量启动条件。若服务小区的 S_{rxlev} 小于或等于 $S_{intrasearchP}$，则启动同频重选邻区测量(其中 S_{rxlev} 和 $S_{intrasearchP}$ 携带在 SIB2 系统消息中)，否则不启动同频测量。

(2) 重选触发过程。

① 选择 Highest Ranked Cell(最高等级小区)。在满足小区选择规则(S 规则)的同频邻区中，选择信号质量等级 R_n 最高的邻区作为 Highest Ranked Cell。

邻区信号质量等级的计算公式为 Rn = $Q_{meas,n}$ − Q_{offset}，其中 $Q_{meas,n}$ 为基于 SSB 测量出来邻区的接收信号电平值，即邻区的 RSRP 值；Q_{offset} 为小区重选偏置(携带在 SIB3 系统消息中)。

② 选择 Best Cell(最佳小区)。在满足小区选择规则的同频邻区中，识别出信号质量满足如下条件的邻区：

$$RSRP_{highest\ ranked\ cell} - RSRP_n \leqslant rangeToBestCell$$

其中：$RSRP_{highest\ ranked\ cell}$ 为 Highest Ranked Cell 的 RSRP 值；$RSRP_n$ 为各邻区的 RSRP 值；rangeToBestCell(最佳小区范围)一般固定为 3 dB，在 SIB2 消息中指示。

在 Highest Ranked Cell 和满足上述条件的邻区中，选择小区中波束级 RSRP 值大于门限值且波束个数最多的小区作为 Best Cell。若没有任何一个小区的波束级 RSRP 值大于门限值，则直接在 Highest Ranked Cell 和满足上述条件的邻区中选择小区 R_n 值最高的小区作为 Best Cell。

③ 小区重选判决。判断 Best Cell 是否同时满足如下条件，若满足，则 UE 会重新选到该小区，否则继续驻留在原小区。

a. UE 在当前服务小区驻留超过 1 s。

b. Best Cell 在持续 1 s 的时间内满足小区重选准则(又称 R 准则)：

$$R\_n > R\_s$$

其中：R_n 为邻区电平值，并有 $R\_n = Q_{meas,n} - Q_{offset}$；R_s 为服务小区电平值，并有 $R\_s = Q_{meas,s} + Q_{hyst}$。

$Q_{meas,n}$ 为邻区接收信号电平值，它是基于 SSB 测量出来的，即 Best Cell 的 RSRP 值，单位为 dBm；Q_{offset} 为本小区与邻区之间的偏置，单位为 dB，用于控制邻区重选的难易程度，该参数值越大越难重新选到此邻区；$Q_{meas,s}$ 为服务小区接收信号电平测量值，单位为 dBm；Q_{hyst} 为服务小区的重选迟滞值，在 gNodeB 中配置，单位为 dB，该参数越大表明服务小区的边界越大，越难重新选到邻区。

如图 3-10 所示，当 UE 在当前服务小区驻留超过 1 s，且 $T_{reselection}$(固定为 1 s)时间段内 Best Cell 小区的 R_n 值超过服务小区 R_s 值时重选至该 Best Cell 小区，无线侧可根据网络重选情况调整 Q_{offset} 与 Q_{hyst} 参数值大小。

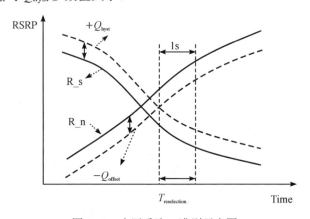

图 3-10　小区重选 R 准则示意图

3.2.4　SA 组网连接态移动性管理流程

SA 组网模式下连接态移动性管理通常被简称为切换，它是指对于在小区间移动的 RRC 连接态的 UE，为了保障移动过程中的 UE 能够持续地接受网络服务，gNodeB 对 UE 的空口状态保持监控，判断是否需要变更服务小区的过程。SA 组网模式下的切换流程总体上与 LTE 的类似。

基于连续覆盖网络，当 UE 移动到小区覆盖边缘时，服务小区信号质量变差，而邻区信号质量变好时，将触发基于覆盖的切换，这样可以有效地防止由于小区的信号质量变差而造成的掉话，如图 3-11 所示。

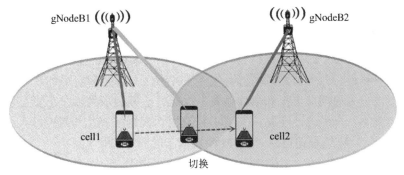

图 3-11　基于覆盖的切换示意图

SA 组网模式下切换的基本流程如图 3-12 所示，一般包括四个环节，分别是触发、测量、判决和切换执行。

(1) 触发环节。判断触发原因并确定处理模式。

测量触发的启动因素包括切换功能的开关、是否配置邻频点以及服务小区的信号质量，在切换功能开关打开的情况下，UE 在配置了邻频点的小区中移动时发现服务小区信号质量低于规定门限值，要启动测量。在有些场景(如基于优先级的切换)也可跳过测量环节，根据切换前是否对邻区进行测量可分为：

① 测量模式：对候选目标小区信号质量进行测量，根据测量报告生成目标小区列表的过程。

② 盲模式：不对候选目标小区信号质量进行测量，直接根据相关的优先级参数的配置生成目标小区或目标频点列表的过程。采用此方式时，UE 在邻区接入失败的风险较高，因此一般情况下不采用，仅在必须尽快发起切换时才采用，在此模式将跳过测量环节。

(2) 测量环节。UE 根据 gNodeB 下发的测量配置消息进行相关测量，并将结果上报给 gNodeB。其中测量配置消息主要包含以下信息：

① 测量对象：包括测量系统、测量频点或测量小区等信息，用于指示 UE 对哪些小区或频点进行信号质量的测量。

② 报告配置：包括测量事件和事件上报的触发量等信息，指示 UE 在满足什么条件下上报测量报告，以及按照什么标准上报测量报告。

③ 其他配置：包括测量 GAP(间隔)、测量滤波等。

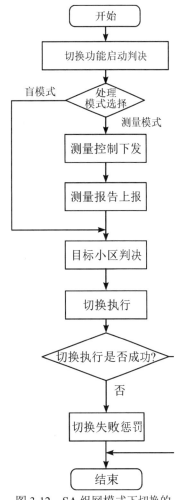

图 3-12　SA 组网模式下切换的基本流程

(3) 判决环节。gNodeB 根据 UE 上报的结果进行判决,决定是否触发切换。

(4) 切换环节。gNodeB 根据决策结果,控制 UE 切换到目标小区,完成切换。

SA 场景下的切换又可以分为站内切换、Xn 切换和 NG 切换。接下来首先讨论测量事件类型,然后讨论每一种切换的具体信令流程。

1. 测量事件类型

对连接态的 UE,NR 通过专用信令消息下发 UE 测量配置信息。UE 根据 NR 提供的测量配置信息进行测量,并上报测量报告,包括服务小区、邻区和监测到其他小区 RSRP 等信息。测量上报分为周期性上报和事件触发上报两类,其中事件触发上报是协议中为切换测量与判决定义的一个概念,涉及六类 5G 系统内切换触发事件和两类异系统切换触发事件,如表 3-3 所示。详细描述可参考 3GPPG 规范 38.331 协议。

表 3-3 5G 事件触发种类

事件	描　　述	规　　则	使用方法
A1	服务小区的信号测量值高于门限值	触发条件:$Ms - Hys > Thresh$ 撤销条件:$Ms + Hys < Thresh$	A1 用于停止异频/异系统测量
A2	服务小区的信号测量值低于门限值	触发条件:$Ms + Hys > Thresh$ 撤销条件:$Ms - Hys < Thresh$	A2 用于启动异频/异系统测量
A3	邻区信号质量高于服务小区的信号质量	触发条件:$Mn + Ofn + Ocn - Hys > Mp + Ofp + Ocp + Off$ 撤销条件:$Mn + Ofn + Ocm + Hys < Mp + Ofp + Ocp + Off$	A3 用于启动同频/异频切换请求
A4	邻区的信号测量值高于门限值	触发条件:$Mn + Ofn + Ocn - Hys > Thresh$ 撤销条件:$Mn + Ofn + Ocn + Hys < Thresh$	A4 用于启动异频切换请求
A5	服务小区的信号测量值低于门限值 1,邻区的信号测量值高于服务小区的门限值 2	触发条件:$Mp + Hys < Thresh1$ $Mn + Ofn + Ocn - Hys > Thresh2$ 撤销条件:$Mp - Hys > Thresh1$ $Mn + Ofn + Ocn + Hys < Thresh2$	A5 用于启动异频切换请求
A6	邻区的信号测量值高于服务小区的偏置	触发条件:$Mn + Ocn - Hys > Ms + Ocs + Off$ 撤销条件:$Mn + Ocn + Hys < Ms + Ocs + Off$	A6 用于载波聚合中
B1	异系统邻区的信号测量值高于服务小区的门限值	触发条件:$Mn + Ofn + Ocn - Hys > Thresh$ 撤销条件:$Mn + Ofm + Ocn + Hys < Thresh$	B1 用于启动异系统切换请求
B2	服务小区的信号测量值低于门限值 1,异系统邻区的信号测量值高于门限值 2	触发条件:$Mp + Hys < Thresh1$ $Mn + Ofn + Ocn - Hys > Thresh2$ 撤销条件:$Mp - Hys > Thresh1$ $Mn + Ofn + Ocn + Hys < Thresh2$	B2 用于启动异系统切换请求

表 3-3 中的参数说明如下：

Mn：邻区信号的测量结果，不考虑任何偏移。

Ofn：邻区频率的特定频率偏置，由参数 QoffsetFreq(频率偏置)决定，此参数在测量控制消息的测量对象中下发。

Thresh：对应事件配置的门限值。

Ocn：邻区的小区偏移量，由参数 CIO(Cell Individual Offset，小区独立偏置)决定，每个邻区单独配置，当该值为 0 时不在测量控制消息中下发，当该值不为 0 时通过测量控制消息下发。此参数用于控制同频测量事件发生的难易程度，该值越大越容易触发同频测量报告上报。在配置邻区时如果希望切换容易发生，可以设置成正值，否则设置成负值。具体可参考 3GPP TS 38.331 协议。

Ms：服务小区信号的测量结果，不考虑任何偏移。

Ocs：SpCell 的特定小区偏置，由参数 CellSpecificOffset(小区特定偏置)决定。此参数在测量控制消息中下发。

Mp：在不考虑任何偏移的情况下，SpCell(Special Cell，特殊小区)的测量结果。SpCell 为 5G 引入的新概念，对 UE 而言是最主要的小区，SpCell = PCell + PSCell。

Ofp：SpCell 的特定频率偏置，由参数 QoffsetFreq(频率偏置)决定，此参数在测量控制消息的测量对象中下发。

Ocp：SpCell 的小区偏置。

Hys：切换迟滞幅度，在测量控制消息中下发。可以通过调整大小来控制切换的难易程度，该值越小越容易触发测量报告上报。

Off：偏置参数，该参数针对事件 A3、A6 设置，用于调节切换的难易程度，该值与测量值相加用于事件触发和撤销的评估。此参数在测量控制消息的测量对象中下发，可取正值或负值，当取正值时，将增加事件的难度，延缓切换；当取负值时，将降低事件触发的难度，提前进行切换。

与 LTE 一样，A 类事件用于系统内的测量，B 类事件用于系统间的测量，不同事件的触发和撤销条件是不同的，具体描述如下：

(1) A1 事件(服务小区信号高于门限值)。当服务小区信号高于门限值时触发 A1 事件。它通常用于取消正在进行的切换流程。如果一个 UE 移动到小区边缘并启动了切换流程，随后返回之前覆盖良好的区域时就可以触发 A1 事件，此时取消切换流程。

A1-1(触发条件)：$Ms - Hys > Thresh$

A1-2(撤销条件)：$Ms + Hys < Thresh$

(2) A2 事件(服务小区信号低于门限值)。A2 事件通常用于 UE 移动到小区边缘时触发切换流程。事件 A2 不涉及任何相邻小区信号的测量，因此可以将它用于触发盲切换，也可以用于触发相邻小区信号的测量，作为一个基于信号测量的切换过程。

例如，基站可以在事件 A2 被触发后配置测量间隔和异频、系统间测量。这种方法意味着 UE 只需要在覆盖条件相对较差，并且很有可能需要进行切换的情况下完成同频、异频或系统间的测量。

A2-1(触发条件)：$Ms + Hys < Thresh$

A2-2(撤销条件)：Ms − Hys > Thresh

(3) A3 事件(邻区质量高于服务小区质量)。A3 事件通常用于同频或异频的切换流程。当触发 A2 事件时，可配置测量间隔、频间测量对象和 A3 事件用于同频或异频切换。A3 事件提供了一个基于相对测量结果的切换触发机制，例如，可配置当邻区 RSRP 比服务小区 RSRP 强时触发，一般用于基于覆盖的切换。

A3-1(触发条件)：Mn + Ofn + Ocn − Hys > Mp + Ofp + Ocp + Off

A3-2(撤销条件)：Mn + Ofn + Ocn + Hys < Mp + Ofp + Ocp + Off

(4) A4 事件(邻区信号高于门限值)。当邻区信号测量结果比给定门限值更好时触发 A4 事件。A4 事件可用于不依赖于服务小区覆盖范围的切换过程。例如，在需要进行负载均衡的区域，需要根据负载情况而不是覆盖条件决定 UE 是否从服务小区切换出去。在这种情况下，UE 只需要检测到目标邻区的信号优于某个信号电平值，并能提供足够的覆盖范围，就可选择切换到目标邻区。

A4-1(触发条件)：Mn + Ofn + Ocn − Hys > Thresh

A4-2(撤销条件)：Mn + Ofn + Ocn + Hys < Thresh

(5) A5 事件(服务小区的信号低于门限值 1，邻区信号高于门限值 2)。当服务小区信号变得比门限值 1 更差，而相邻小区的信号变得比门限值 2 更好时，就会触发 A5 事件。A5 事件是 A2 事件和 A4 事件的组合，A5 事件通常用于同频或异频的切换过程。当 A2 事件被触发时，可配置测量间隔、频间测量对象和 A5 事件用于异频切换。A5 事件提供了基于绝对测量结果的切换触发机制，通过双门限值的灵活设置，相比 A4 事件更容易满足不同的应用场景。

A5-1(触发条件)：　Mp + Hys < Thresh1

Mn + Ofn + Ocn − Hys > Thresh2

A5-2(撤销条件)：　Mp − Hys > Thresh1

Mn + Ofn + Ocn + Hys < Thresh2

(6) A6 事件(邻区信号高于服务小区的偏滞)。当邻区信号的测量值减去迟滞值比服务小区加上偏置值还大时，会触发 A6 事件。此测量报告事件适用于载波聚合，即除了主小区外还有辅小区的连接，A6 事件用于 UE 进行同频辅小区的切换。

A6-1(触发条件)：Mn + Ocn − Hys > Ms + Ocs + Off

A6-2(撤销条件)：Mn + Ocn + Hys < Ms + Ocs + Off

(7) B1 事件(异系统邻区信号超出门限值)。B1 事件可用于系统间切换流程，而不取决于服务小区信号的覆盖范围。例如，在需要进行负载均衡的区域，需要根据负载情况而不是覆盖条件决定 UE 是否从 5G 网络切换出去。在这种情况下，UE 只需要检测到异系统邻区(如 LTE)信号优于某个信号电平值，并能提供足够的覆盖范围，就可切换到异系统邻区。

B1-1(触发条件)：Mn + Ofn + Ocn − Hys > Thresh

B1-2(撤销条件)：Mn + Ofn + Ocn + Hys < Thresh

(8) B2 事件(服务小区信号低于门限值 1，异系统邻区信号高于门限值 2)。当 B2 事件被触发时，服务小区低于门限值 1，而异系统邻区信号高于门限值 2。当 5G 的服务小区信号变差，且没有其他 5G 邻区能提供网络服务时，可以触发异系统邻区的切换流程。系统间相邻小区信号的测量用来确保目标邻区有足够的覆盖范围。

B2-1(触发条件)：　Mp + Hys < Thresh1

　　　　　　　　　Mn + Ofn + Ocn − Hys > Thresh2

B2-2(撤销条件)：　Mp − Hys > Thresh1

　　　　　　　　　Mn +Ofn + Ocn + Hys < Thresh2

2. 站内切换流程

站内切换过程比较简单，由于源小区与目标小区都在同一个基站内，所以基站在内部进行判决，而且不需要向核心网申请更换数据传输路径，如图 3-13 所示。具体流程如下：

(1) UE 上报邻区信号测量报告。

(2) gNodeB 根据信号测量报告携带的 PCI，判断切换的目标小区与服务小区同属一个 gNodeB 并启动站内切换流程，基站下发切换命令。

(3) UE 在目标小区发起非竞争的随机接入 MSG1，携带专用导言。

(4) gNodeB-DU 侧回复 MSG2 随机接入响应消息。

(5) UE 为 gNodeB 回复 RRC Reconfiguration Complete 消息，UE 接入目标小区。

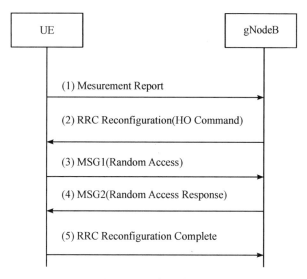

图 3-13　站内切换流程

3. Xn 切换流程

Xn 切换流程用于建立 Xn 接口的邻区间的切换，如图 3-14 所示。具体流程如下：

(1) UE 测量邻区信号并判定达到判决事件条件后，上报测量报告给源 gNodeB。

(2) 源 gNodeB 收到测量报告后，根据测量结果向选择的目标小区所在的 gNodeB 发起切换请求。

(3) 目标 gNodeB 收到切换请求后，进行准入控制，允许准入给源 gNodeB 后分配 UE 资源并回复 HO Request ACK(切换请求确认)，允许切换。

(4) 源 gNodeB 向 UE 发送 RRC Reconfiguration(RRC 重配)，要求 UE 执行切换到目标小区的操作。

(5) UE 在目标小区中发起随机接入请求。

(6) 目标小区回复随机接入响应消息，为 UE 分配资源。

(7) UE 向目标 gNodeB 发送 RRC Reconfiguration Complete(RRC 重配完成)，完成 UE 切换到目标小区的操作。

(8) 目标 gNodeB 向 AMF 发送 Path Switch Request(路径转换请求)消息通知 UE 已经改变了小区，核心网收到该消息后，更新下行 GTPU(GPRS Tunnelling Protocol for the User-plane，用户面的 GPRS 隧道协议) 数据面，将 RAN 侧的 GTPU 地址修改为目标 gNodeB。

(9) AMF 向目标 gNodeB 响应 Path Switch Request ACK(路径转换请求确认)消息。

(10) 目标 gNodeB 向源 gNodeB 发送 UE Context Release(UE 上下文释放)消息，源 gNodeB 释放已切换的用户。

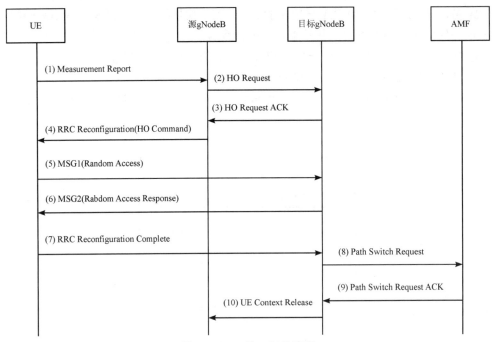

图 3-14　Xn 接口切换流程

4. NG 切换流程

NG 切换用于没有 Xn 接口或者 Xn 接口故障的情况下，其切换流程和 Xn 切换流程基本一致，如图 3-15 所示。但所有站间信令都需通过核心网转发，时延比 Xn 切换略大，具体流程如下：

(1) UE 根据收到的测量控制消息执行测量。UE 测量并判定达到事件条件后，上报测量报告给 gNodeB。

(2) 源 gNodeB 收到测量报告后，根据测量结果向 AMF 发送 HO Required(切换请求)消息请求切换，该消息包含目标 gNodeB ID。

(3) AMF 向指定的目标小区所在的 gNodeB 发起 HO Request，gNodeB 根据消息中的 TraceID(跟踪标识)、SPID(Subscriber Profile ID，用户识别标识)识别用户。

(4) 目标 gNodeB 向 AMF 回复 HO Request ACK 消息，允许切换。

(5) AMF 向源 gNodeB 发送 HO Command(切换命令)消息，该消息中包含地址和用于转发的 TEID(Tunnel Endpoint Identifier，隧道端点标识)列表，包含需要释放的承载列表。

(6) 源 gNodeB 向 UE 发送 RRC Reconfiguration 消息,要求 UE 执行切换到目标小区的操作。

(7) UE 在目标小区中发起随机接入请求。

(8) 目标小区回复随机接入响应消息,为 UE 分配资源。

(9) UE 向目标 gNodeB 发送 RRC Reconfiguration Complete 消息,完成 UE 切换到目标小区的操作。

(10) 目标 gNodeB 向 AMF 发送 Handover Notify(切换通知)消息,通知 UE 已经接入目标小区,至此,基于 NG 的切换已经完成。

(11) AMF 向源 gNodeB 发送 UE Context Release Command(UE 上下文释放命令)消息,源 gNodeB 释放切换的用户。

(12) 源 gNodeB 向 AMF 回复 UE Context Release Complete(UE 上下文释放完成)消息,切换流程完成。

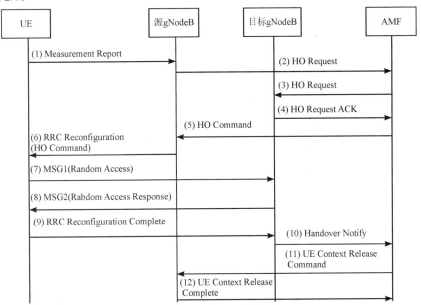

图 3-15 NG 接口切换流程

5. 重定向

NR 中连接态移动性管理包括切换和重定向两种流程,一般地,系统内移动性管理采用切换,异系统互操作可以采用切换或者重定向流程。NR 网络侧判断 UE 需要重定向到异频/异系统 E-UTRAN[Evolved UMTS(Universal Mobile Telecommunication,通用移动通信系统)Terrestrial Radio Access Network,演进的 UMTS 陆地无线接入网],通过 RRC Connection Release(RRC 连接释放)消息传递给 UE,同时在 RRC Connection Release 消息中携带的重定向目标频点(组)信息,指示 UE 到目标频点重新接入。

重定向流程可分为基于测量的重定向和测量失败后的盲重定向两种。

(1) 基于测量的重定向。UE 移动到小区覆盖边缘时,gNodeB 收到 A2 事件上报本小区信号质量差报告,启动异频/异系统测量,并在测量到异频/异系统邻区后,再向目标邻区发起重定向(切换开关关闭)。

(2) 盲重定向。UE 移动到小区覆盖边缘时，gNodeB 没有收到异系统测量报告消息并收到了盲 A2 的报告，需要尽快重定向到其他异系统小区中。

习　题

一、单选题

1. 下面哪个是 A3 事件进入的条件？(　　)。

A. Mn + Ofn + Ocn − Hys > Ms + Ofs + Ocs + Off

B. Mn + Ofn + Ocn − Hys < Ms + Ofs + Ocs + Off

C. Mn + Ofn + Ocn + Hys > Ms + Ofs + Ocs − Off

D. Mn + Ofn + Ocn + Hys < Ms + Ofs + Ocs − Off

2. 表示邻区信号质量变得高于对应门限值的事件是(　　)。

A. A1　　　　　　　B. A3　　　　　　　C. A4　　　　　　　D. B1

3. 盲切换相对于普通切换可以不做的环节是(　　)。

A. 触发　　　　　　B. 测量　　　　　　C. 判决　　　　　　D. 切换

4. 发生在基于覆盖的异频切换触发环节的事件是(　　)。

A. A1 事件　　　　B. A2 事件　　　　　C. B1 事件　　　　D. B2 事件

5. SgNodeB 站间切换会触发的流程是(　　)。

A. SgNodeB change　　B. 重选　　　　　C. X2 切换　　D. SgNodeB modification

二、多选题

1. 小区重选规则的要求包括的条件有(　　)。

A. 持续 1 s 内，R_n>R_s

B. 持续 1 s 内，R_n<R_s

C. UE 在当前服务小区驻留超过 1 s

D. UE 在当前服务小区驻留小于 1 s

2. 可支持跨系统移动性的事件有(　　)。

A. A5　　　　　　B. A3　　　　　　　C. B2　　　　　　　D. B1

三、思考题

1. 小区搜索有哪些步骤？

2. SA 组网模式下切换的基础流程包括哪几个环节？

3. 重选和切换有什么区别？5G 网络中重选、切换不及时现象发生时，可以通过调整哪些参数来修复问题？

第4章 5G 行业应用

4.1 5G 行业应用和发展趋势

5G 通过大带宽、低时延和大连接给我们带来了超越光纤的传输速度，超越工业总线的实时交互能力以及全空间的连接，5G 开启了一个充满机会的新时代。5G 可以为客户提供极具吸引力的商业模式，为了支撑这些商业模式，未来网络必须能够针对不同服务等级和性能要求，高效地提供各种新服务和应用，而且需要快速有效地将这些服务和应用商业化。

如图 4-1 所示，在 2019 年的 5G 发展初期，3GPP 推出了 Rel-15 规范，主要涉及 eMBB 大带宽的需求场景，其中无线侧单站容量可达 2～5 Gb/s，承载网的传输能力为 10～200 GE (Gigabit Ethernet，千兆以太网)，核心网实现了云化和融合。2020 年以后，3GPP 先后推出了 Rel-16、Rel-17、Rel-18 版本，增加了 uRLLC 和 mMTC 业务切片，无线侧实现了大连接、广覆盖，承载网侧实现了硬切片，核心网侧采用分布式架构以实现控制面和用户面的分离技术，使用户面网关可独立下沉至移动边缘，这有利于推动 MEC 的实现。在将来的 5G 成熟期，能够实现端到端的切片，网络切片能实现灵活的网络配置，满足不同行业的需求，并逐步在垂直行业实现广泛覆盖。

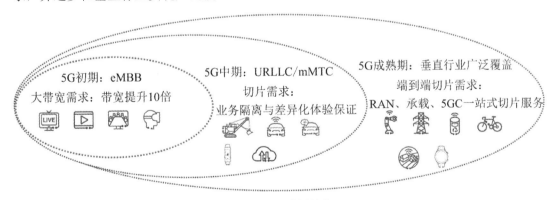

图 4-1 5G 发展趋势

图 4-2 的 5G 应用树勾勒出一个以 5G 为基础的未来智能社会，其中 5G 与网络切片、边缘计算等技术构成智能信息基础设施，成为整棵大树的树根与树干；大树的三大枝叶群则代表了家庭生活、行业应用和个人工作与娱乐。目前已有大量 4G 用户向 5G 迁移，未来 5G 将更多地与新技术结合、同智能终端绑定，应用于家庭、工作、学习、个人娱乐等多种

场景。成熟行业+5G 是 5G 产业发展的重点，并且逐步扩展到各行各业，包括智能制造、远程医疗教育、自动驾驶、智能交通、智慧电网等社会运行涉及的众多行业。

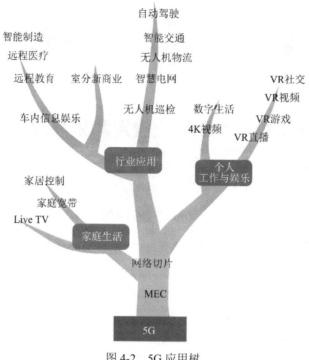

图 4-2　5G 应用树

4.2　车联网解决方案

　　随着经济的发展，城市中的车辆数量快速增长，堵车现象频发，而且由于违规驾驶、疲劳驾驶、醉酒驾驶、行人违章等原因导致的交通事故也呈现快速增长趋势。面对日益拥堵和复杂的交通状况，提升通行效率成为很多大城市的迫切需求。使用新 ICT(Information Communications Technology，信息通信技术)技术能够提升交通效率、保证交通安全、实现绿色出行，成为交通行业发展的重要方向。

　　ITS(Intelligent Transport System，智能交通系统)就是将先进的信息技术、通信技术、传感技术、控制技术以及计算机技术等多种技术有效地集成运用于整个交通运输管理体系中，从而建立起一种在大范围内全方位发挥作用的、实时、准确、高效的综合运输和管理系统。

　　ITS 通过人、车、路的和谐、密切配合提高交通运输效率，缓解交通阻塞，提高路网通过能力，减少交通事故，降低能源消耗，减轻环境污染，促进城市功能转型和结构拓展，ITS 愿景图如图 4-3 所示。ITS 建成后能实现立体交通的综合监测、可视化的交通运行调度、高效便捷的交通运输管理、高效准确的决策分析以及一体化公共交通、车路协同、自动驾驶的车联网。

图 4-3　ITS 愿景图

汽车作为交通的主体工具之一，正在迈向智能化、科技化和信息化；道路作为汽车的行驶载体也将趋于智能化。二者有机结合、互相支持和共同发展是发展 ITS 的必由之路，基于车联网 ITS 中汽车与道路的有机结合体现在以下几个方面：

(1) 服务理念的结合。ITS 管理和车联网都市服务将更符合人们的交通出行需求。

(2) 技术领域的结合。将 5G、宽带网、传感器网、RFID(Radio Frequency Identification，无线射频识别)、云计算等多种新技术领域相互融合。

(3) 应用层面的结合。将信息采集、综合信息服务、车辆主动安全等多个应用层面相结合。

(4) 相关标准层面的结合。标准化工作能促进 ITS 的实施，因此将信息分类、数据格式、技术流程和设备配置等多个层面进行结合。

4.2.1　车联网概述

车联网又称 V2X(Vehicle to Everything)，即车与万物互联，实现车内、车与车、车与人、车与外部环境、车与服务平台的全方位网络连接。V2X 信息交互模式包括：

· V2V(Vehicle to Vehicle，车与车)：通过 OBU(OnBoard Unit，车载单元)进行车辆间的通信。

· V2P(Vehicle to Pedestrian，车与人)：弱势交通群体(如行人、骑行者等)使用用户设备(如手机、笔记本电脑等)与车载设备进行通信。

· V2I(Vehicle to Infrastructur，车与基础设施)：OBU 与路侧基础设施进行通信，路测基础设施包括智能红绿灯、智能交通摄像头、RSU(Road Side Unit，路侧单元)等。

· V2N(Vehicle-to-Network，车与网络)：OBU 通过接入网/核心网与云平台连接。

车联网的发展演进如图 4-4 所示，初期主要通过网络提供信息服务和娱乐导航等服务；车、路协同是迈向完全自动驾驶的必经阶段，在此阶段，人、车、路通过云信息交互，提升车辆感知能力，实现辅助驾驶功能；无人驾驶是车联网发展的最高级阶段，其中 V2X/X2V 海量信息交互是完全自动驾驶的重要支撑。

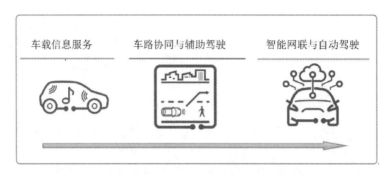

图 4-4　车联网的发展演进

根据表4-1所示的SAE International(国际自动机工程师学会)制定的自动驾驶分级标准，车联网从车载信息服务到智能交通出行，除提升车辆的智能化外，还需要网络的智能化和基础设置智能化协同配合。根据该标准，L0属于传统驾驶，L1和L2属于驾驶辅助，L3～L5属于自动驾驶，L5的自动驾驶技术等级也称为"无人驾驶"。因此，按照自动驾驶技术等级划分，驾驶辅助<自动驾驶<无人驾驶。

表 4-1　自动驾驶分级标准

等级	名　称	环境观察	激烈驾驶应对	特　点
L0	人工驾驶	驾驶员	驾驶员	无驾驶辅助系统
L1	辅助人工驾驶	驾驶员	驾驶员	可实现单一的车速或转向控制自动化，如定速巡航、ACC
L2	部分自动驾驶	驾驶员	驾驶员	可实现车速和转向控制自动化，驾驶员必须始终保持监控
L3	有条件自动驾驶	系统	驾驶员	可解放双手(Hands Off)，驾驶员监控系统并在必要时进行干预
L4	高级自动驾驶	系统	系统	可解放双眼(Eyes Off)，在一些预定义的场景下无需驾驶员介入
L5	无人驾驶	系统	系统	完全自动化，不需要驾驶员(Driverless)

注：ACC—Adaptive Cruise Control(自适应巡航控制)。

当前自动驾驶主要采用视频摄像头、雷达传感器以及激光测距器等设备进行单车运行，未来，可基于车联网技术实现高等级的自动驾驶。

车联网通信技术标准主要有两大类：C-V2X(Cellular V2X，蜂窝车联网)标准和DSRC(Dedicated Short Range Communication，专用短程通信)标准。C-V2X旨在让交通参与者们通过现代通信技术互联互通，它是基于3GPP全球统一标准的通信技术，包含LTE-V2X和5G-V2X。如图4-5左侧框图所示，C-V2X包括两种目前应用广泛的接口：Uu接口和PC5直连接口。其中，Uu接口使用公用4G/5G蜂窝网络通信，PC5是另一种独特的基于4G(或5G)技术的通信接口，它不与公网通信，只用于车-路-人之间的信息广播。

DSRC技术是以IEEE 802.11p(又称WAVE，Wireless Access in the Vehicular Environment，车载无线通信协议)为基础来提供短距离无线传输技术的，车与车、车与路通信为其主要应用方式，图4-5右侧框图呈现的是其车与车直接通信的方式。IEEE 802.11p是一个由IEEE

802.11 标准扩充而来的通信协议，该通信协议主要用在车用电子设备的无线通信上，包括高速行驶的车辆之间、行驶车辆与 5.9 GHz 频段(5.850～5.925 GHz)的标准 ITS 路边基础设施之间的数据交换。它还可以实现在特定区域(通常为数十米)内对高速运动下的移动目标进行识别和双向通信，如车与车、车与路的双向通信，实时传输图像、语音和数据信息，将车辆和道路有机地连接起来，符合智能交通系统 ITS 的相关应用。

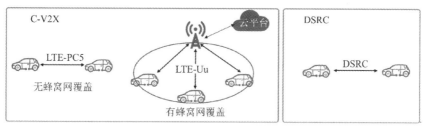

图 4-5　C-V2X 与 DSRC 技术原理示意图

　　产业界、学术界针对 C-V2X 与 DSRC 两个标准在技术、测试、评估、应用方面开展了大量的工作，二者的技术比较如表 4-2 所示。DSRC 相比 C-V2X 已经有成熟的标准和良好的网络稳定性，在可用性方面，DSRC 具有不依赖网络基础设施(比如安全性管理和互联网接入等功能)和自组网的良好特性，所以基于 DSRC 标准的 V2X 网络稳定性强，不会由于传输瓶颈和单点故障的原因导致整个系统无法工作。但相关研究与测试表明，DSRC 在车辆密集时通信时延大、可靠性低。

表 4-2　C-V2X 与 DSRC 技术指标对比

技术指标	C-V2X	DSRC
技术标准	2017 年，3GPP LTE-V Rel-14 标准发布； 2018 年 6 月，3GPP LTE-eV2X R15 标准发布； 2020 年 6 月，3GPP 5G-V2X R16 标准发布； 2022 年 6 月，3GPP 5G-V2X R17 标准冻结	2010 年，DSRC(802.11p)标准发布； 2013 年，欧洲 TSI ITS-G5 标准发布
标准机构	3GPP	IEEE(US) & ETSI(EU)
频谱	5.9 GHz 频段(5.905～5.925 GHz)	5.9 GHz 频段(5.850～5.925 GHz)
芯片	华为 Balong765、高通 9150、INTEL	NXP、Autotalk、Renesas，高通
模组	大唐、移远等	Bosch、Continental、Denso 等
时延	20 ms(Rel-14)、1 ms(Rel-16)	< 50 ms
通信距离	450 m @ 140 km/h	225 m @ 140 km/h
产业进展	自 2015 年起，全球多次测试，多家车企宣布支持；2019 年 12 月，美国分配 C-V2X 频率	已有 ETC、AVI 等应用

　　注：ETC—Electronic Toll Collection，(电子不停车收费)；AVI—Automatic Vehicle Identification(自动车辆识别)。

　　C-V2X 作为后起之秀，以蜂窝通信技术为基础，通过技术创新具备了 V2X 直通通信的能力，既能解决车联网应用所需要的低时延、高可靠的通信难题，又能利用已有的移动网络部署支持信息服务类业务，还可以利用移动通信的产业规模经济降低成本。它在国际技术与产业竞争中已形成明显的超越态势，相比 DSRC，蜂窝车联网技术具有以下优势：

(1) C-V2X 可支持未来演进的 5G，二者同为 3GPP 技术，C-V2X 具有明确的演进路线，而 802.11p 目前还没有清晰的演进计划。

(2) C-V2X 支持车与人(V2P)业务，由于智能手机无法集成 802.11p，因此 802.11p 无法支持 V2P 业务。相比之下，智能手机天然集成 C-V2X(通过 LTE/5G 芯片)，从而支持 V2P 业务(Uu 或 PC5)。

(3) C-V2X 支持更广泛的商业模式，它同时支持 PC5 和 Uu 接口，还可以支持包括信息娱乐、Telematics(车载电脑系统)、交通安全和效率、动态地图以及大数据分析等多种业务。

(4) C-V2X 芯片复杂度更低，C-V2X 可以通过单芯片同时支持 PC5 直接通信和 Uu 长距离蜂窝通信，而 802.11p 需要使用双芯片才可实现这些功能。

(5) C-V2X 网络部署模式更清晰，芯片成本更低，可以更快地提升网络的渗透率(借助车辆对 4G/5G 通信的支持)。

我国已开展了 C-V2X 的应用需求研究、技术研究、设备研发、测试验证、产业推动、应用推广等相关工作。我国工业和信息化部(简称"工信部")于 2018 年 11 月率先在全球范围内正式发布了 5.905～5.925 GHz 的车联网直连通信频率规划。美国近年来也在加利福尼亚州的圣迭戈、密歇根州的底特律、科罗拉多州、犹他州、旧金山、亚特兰大、匹兹堡等地开展了一系列有关 C-V2X 的测试与试点工作。2020 年 11 月，FCC(Federal Communications Commission，美国联邦通信委员会)决定取消已分配给 DSRC 的 5.9 GHz 频段的所有 75 MHz 带宽，将其中 5.895～5.925 GHz 共 30 MHz 带宽分配给了 C-V2X，表明美国政府已正式放弃 DSRC，转向 C-V2X 技术路线。

4.2.2 车联网业务场景和需求分析

3GPP 标准化组织定义了 C-V2X 初级阶段的业务场景，包括 27 项基础功能，具体可以参考 3GPP TR22.885 协议的内容，主要包括交通安全与交通效率两大类。其中交通安全包括紧急制动预警、异常车辆提醒、交叉路口碰撞预警、道路危险状况提示、弱势交通参与者预警等。交通效率包括基于信号灯的车速引导、前方拥堵提醒、紧急车辆信号灯优先权等。此外，3GPP 标准化组织还定义了 C-V2X 的如下四组增强型业务应用场景：

(1) 车辆编队。所涉车辆能够动态地组成一个有序的车队，车队中的所有车辆都可以从领头车辆那里获取信息完成编队管理，这些信息能使编队中的车辆可以较小的车距间隔朝着同一个方向一起行驶。

(2) 协作行驶。每辆车都与其周边车辆和 RSU(Road Side Unit，路侧单元)共享自己的驾驶意图信息，使得车辆之间可以实现运动轨迹和操作的协同一致。比如领头车辆在行驶过程中需要变道，它就会将自己的变道意图信息发送给相关车道的其他车辆和 RSU，其他车辆会根据该信息进行相应的加减速和转向操作，从而顺利完成协作变道动作。

(3) 信息共享。车辆、行人、RSU 和云平台之间可交换由传感器采集的数据或实时图像等信息，从而扩展了车辆自身传感器的探测范围，使得车辆对周边情况能有更全面的了解。

(4) 远程驾驶。在环境变化有限、线路可预测的情况下，驾驶员可通过远程控制不能自行驾驶或位于危险环境中的车辆，如公共交通车辆。在远程驾驶中，高可靠性和低时延是主要的技术保障。

车联网在增强型业务场景下的参数指标如表 4-3 所示，其对网络大带宽和低时延的要求，是对传统网络的最大挑战，而 5G 网络恰好可以满足此要求。

表 4-3　车联网在增强型业务场景下的参数指标

高阶场景	最大端到端延迟时间/ ms	可靠度/%	速率/(Mb/s)	最小通信范围/m
车队编排	10～25	90～99.99	50～65	80～350
协作行驶	3～100	90～99.999	10～53	360～700
传感器信息共享	3～100	90～99.999	10～1000	50～1000
远程驾驶	5	99.999	UL：25；DL：1	—

4.2.3　C-V2X 的演进及关键技术

1. C-V2X 的演进

3GPP 于 2016 年 9 月就已经完成了 C-V2X 标准的制定工作，并在 3GPP RAN 会议上将其纳入 LTE Rel-14 中，实现了 LTE 平台向垂直行业新业务的延伸。它主要聚焦于 V2V，是基于 LTE Rel-12 及 LTE Rel-13 所规范的邻近通信技术中的 D2D 技术，其中引入了一种新的 D2D 接口——PC5，主要用于解决高速(最高 250 km/h)及高节点密度(成千上万个节点)环境下的蜂窝车联网通信问题，聚焦基础安全业务，提供辅助驾驶功能，并于 2017 年 3 月正式发布。支持高要求业务需求的 LTE-V2X 增强版(LTE-eV2X)——3GPP Rel-15 的标准于 2018 年 6 月正式完成；3GPP 于 2019 年 3 月完成了 Rel-16 5G-V2X 的研究课题，于 2020 年 6 月完成了 Rel-16 5G-V2X 的标准化项目。后续在 Rel-17 中研究弱势道路参与者的应用场景，研究直通链路中终端节电机制、节省功耗的资源选择机制，并开展终端之间资源协调机制的研究以提高直通链路的可靠性和降低传输的时延。5G-V2X 能提供多种增强型业务并支持自动驾驶，3GPP C-V2X 标准演进过程如图 4-6 所示。

图 4-6　3GPP C-V2X 标准演进过程

另外，华为、爱立信、英特尔、高通、诺基亚，联合奥迪、宝马、戴姆勒等公司一起成立了"5G 汽车通信技术联盟"(5GAA)，该联盟成立的目标就是推进下一代智能互联网汽车的研发，并推进 5G 车联网技术的落地。5GAA 针对 C-V2X 技术的应用，也推出了时间表，大致分为以下三个阶段：

第一阶段，2020 年至 2023 年，主要落地依赖 4G 的 LTE-V2X 技术的基本安全功能，比如紧急电子刹车灯、左转辅助等，并且通过网络共享当地道路的危险信息和交通信息，提高交通效率和安全性；

第二阶段，从 2024 年起，5G-V2X 技术开始大规模应用于车辆与交通基础设施之间的通信，这为自动驾驶技术带来了更多的增强功能，比如停车场自动泊车、远程遥控驾驶以及在公共道路上实现更高级别的自动驾驶等。

第三阶段，从 2026 年起，所有自动驾驶汽车都将配备 5G-V2X 技术，车辆之间能够共享高精度传感器采集到的数据，从而协同工作。自动驾驶将进入更高阶段，车辆之间、车辆与交通管理中心之间都可以分享驾驶意图，再借助人工智能技术对交通信息进行高度协同处理，从而实现对高速公路出入口及城市交通流量等的动态管理。

面对全球的道路安全、交通拥堵、节能减排等的巨大挑战，需要通过 C-V2X 车联网技术加以应对。我国大力支持 C-V2X 产业的发展，发布了多项政策，如表 4-4 所示。

表 4-4　我国 C-V2X 产业相关支持政策

时　间	内　容
2017 年 9 月	国家制造强国建设领导小组召开了车联网产业发展专项委员会第一次会议，提出发展 LTE-V2X
2018 年 4 月—2020 年 2 月	工信部、公安部、交通运输部印发了《智能网联汽车道路测试管理规范(试行)》的通知。发改委印发了《智能汽车创新发展战略》
2018 年 6 月	工信部无线电管理局起草了《车联网(智能网联汽车)直连通信使用 5905-5925 MHz 频段管理规定(征求意见稿)》
2018 年 10—11 月	工信部印发了《车联网(智能网联汽车)直接通信使用 5905—5925 MHz 频段的管理规定(暂行)》的通知。国家制造强国建设领导小组召开了车联网产业发展专项委员会第二次会议，提出加快对 LTE-V2X 的部署
2019 年 9 月	中共中央、国务院发布的《交通强国建设纲要》中提出加强智能网联汽车(智能汽车、自动驾驶、车路协同)研发，形成自主可控完整的产业
2020 年 2 月	国家发改委、工信部等 11 部门发布了《智能汽车创新发展战略》，支持智能汽车产业发展征求意见
2020 年 3 月	国家发改委、工信部发布了《关于组织实施 2020 年新型基础设施建设工程(宽带网络和 5G 领域)的通知》，提出要重点建设车联网验证及应用工程。工信部发布《汽车驾驶自动化分级》标准，明确了于 2021 年正式实施智能网联汽车标准
2020 年 10—11 月	国家《"十四五"规划纲要》提出壮大新能源汽车产业发展，加快建设交通强国。国务院《新能源汽车产业发展规划(2021—2035)》中提出要加快 C-V2X 标准制定和技术升级，推动汽车智能网联化
2021 年 3 月	工信部、交通运输部及国家标准化管理委员会共同印发了《国家车联网产业标准体系建设指南(智能交通相关)》的通知，推进智能网联汽车的应用
2021 年 11 月	工信部发布了《"十四五"信息通信行业发展规划》，提出到 2025 年，重点高速公路、城市道路实现蜂窝车联网(C-V2X)的规模覆盖。"条块结合"推进高速公路车联网升级改造和国家级车联网先导区建设

我国已将车联网产业的发展提升到国家战略高度，国务院及相关部委已对车联网产业升级和业务创新进行了顶层设计、战略布局和发展规划，并形成系统的组织保障和工作体系。2021 年 3 月 11 日，十三届全国人大四次会议表决通过了关于国民经济和社会发展

第十四个五年规划,规划中明确指出,要统筹推进传统基础设施和新型基础设施建设,积极稳妥发展车联网。2021 年 4 月,国家制造强国建设领导小组车联网产业发展专委会第四次全体会议在京召开,强调要加快车联网的部署与应用。2021 年 9 月 8 日,工信部启动了车联网身份认证和安全信任试点项目,包括新能源和智能网联汽车车联网身份认证、安全信任体系建设等 61 个试点项目,有逾 300 家单位参与到试点项目建设中,涵盖了汽车、通信、密码、互联网等多个跨领域企业以及地方车联网建设运营主体等。2021 年 11 月,工信部发布了《"十四五"信息通信行业发展规划》,在规划中有 24 处提到车联网,并明确要推动 C-V2X 与 5G 网络、智慧交通、智慧城市等的统筹建设,加快在主要城市道路对其进行规模化部署,探索在部分高速公路路段的试点应用;协同汽车、交通等行业,加速车联网终端用户的渗透。在政策环境逐渐成熟的背景下,C-V2X 产业的发展逐渐进入快车道。

C-V2X 技术包括 Uu 接口通信以及 PC5 接口通信两种方式,在功能上满足 3GPP 提出的 27 种应用场景(3GPP TR22.885 协议),包括主动安全、交通效率和信息娱乐。LTE-eV2X 的目标是在保持与 LTE-V2X 兼容性的条件下,进一步提升 V2X 直通模式的可靠性、数据速率和时延性能,以实现部分满足更高级的 V2X 业务的需求。其相关技术主要针对 PC5 的增强,采用与 LTE-V2X 相同的资源池设计理念和相同的资源分配格式,因此可以与 LTE-V2X 用户共存且不产生资源碰撞干扰的影响。LTE-V2X 中的增强技术主要包括载波聚合、高阶调制、发送分集、低时延研究和资源池共享研究等。

5G-V2X 主要实现与自动驾驶相关的 25 种应用场景(3GPP TR22.886),包括编队行驶、高级驾驶、传感信息交互和远程驾驶等。未来车联网将是 5G-V2X 与 LTE-eV2X 多种技术共存的状态,C-V2X 部署路线如图 4-7 所示。

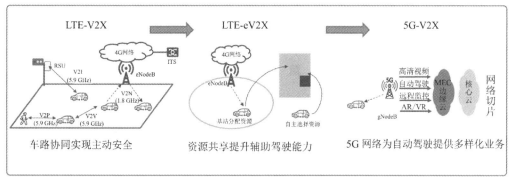

图 4-7　C-V2X 部署路线

2. D2D 技术

D2D 并不是 5G 引入的新概念,其实早在 LTE Rel-12 中引入 ProSe(Proximity-Based Service,临近业务)时,就已经引入了 LTE D2D 的概念。但是,在 4G 时代并未应用到 D2D 技术,终端之间的所有通信都是通过网络的完整路径来实现的。ProSe 和 D2D 具有类似的含义,协议中经常用 ProSe 指代 D2D。Sidelink(侧链路)是 D2D 使用的链路,也就是终端和终端之间直接通信使用的链路,缩写为 SL,与当前通信系统中的 UL、DL 相对应。如图 4-8 所示,SL 不同于 UL 和 DL,它是为了支持设备间直接通信而引入的新的链路,最早是在 D2D 应用场景下引入的,后来,该技术延伸到了 V2X,也就是在原来的协议上进行了扩充和增强。

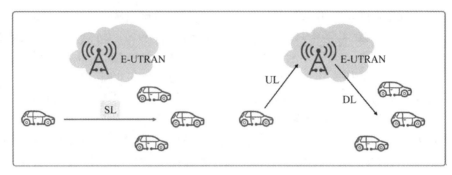

图 4-8　D2D 中的 SL 链路示意图

D2D 的核心功能包括 Discovery(发现)和 Communication(通信)，其中 Discovery 指的是具有 ProSe 功能的 UE 在邻近的区域内能够互相发现，并在能够直接通信范围内的两个或多个具有 ProSe 功能的 UE 之间通过 Communication 功能建立通信链路。

D2D 通信能够减轻蜂窝网络的负担，减少移动终端的电池功耗，增加比特速率，提高网络基础设施故障的鲁棒性等。在 V2V 通信场景下进行高速行车时，车辆的变道、减速等操作动作，可通过 D2D 通信的方式发出预警，车辆周围的其他车辆基于接收到的预警信息对驾驶员发出警示。

3. LTE-V2X 通信接口的关键技术

C-V2X 根据接口的不同又可分为 V2X-Cellular(基于蜂窝网络的 V2X) 和 V2X-Direct (基于直连的 V2X)两种通信方式。

V2X-Cellular 通信方式通过蜂窝网络 Uu 接口转发，使用蜂窝网频段(如 1.8 GHz)。采用集中式的工作方式，借助 V2X 服务器中转，利用 4G/5G 基站网络，实现语音、视频等数据的传输，把信息传送到另一个节点。V2X-Direct 通信方式通过 PC5 接口转发，使用车联网专用频段(如 5.9 GHz)，采用分布式工作方式，实现车与车、车与路、车与人之间的直接通信，其时延较低，支持的移动速度较高。

(1) Uu 接口关键技术。在 LTE 的 Uu 接口中，3GPP 中引入了 SPS(Semi-Persistent Scheduling，半持续调度，也称半静态调度)方式，在 SPS 中，系统的上行和下行资源只需通过 PDCCH 分配或指定一次，而后就可以周期性地重复使用相同的时频资源。Uu 链路支持多 SPS，最多可支持八套 SPS 的配置，并且这八套 SPS 的配置可以同时被激活，避免重新申请资源，能有效降低时延。在图 4-9 中，基站给终端配置了红色和绿色两种资源，终端维持两个 SPS 进程，可重复使用，无需反复申请，能够降低时延。

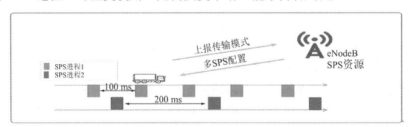

图 4-9　SPS 原理示意图

同时在 Uu 接口中，基站采用 SC-PTM(Single Cell Point-to-Multipoint，单小区多播)技术，通过下行链路共享信道(PDSCH)传输多播业务，如图 4-10 所示。并使用一组用户的公共 RNTI 对其进行调度，多播区域可以根据用户分布动态调整。SC-PTM 调度非常灵活，它基于实时业务负载，而 PDCCH 可以在时域上和频域上灵活分配无线资源，能有效降低下行时延。

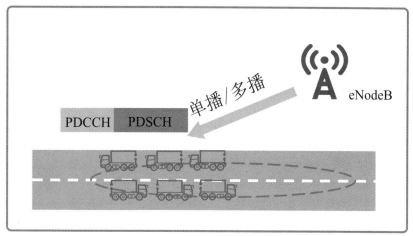

图 4-10　SC-PTM 技术原理图

(2) PC5 接口关键技术。业界普遍认为 V2V 必须通过 PC5 接口来承载，因为车企希望在没有蜂窝网络覆盖的区域依然可以通过 PC5 接口来享用 V2V 业务，从而提升交通安全和效率。同时认为 PC5 接口可以借助 LTE 芯片的升级换代快速地植入普通智能手机中，从而通信运营商可通过手机提供 V2P 业务。

目前，业界尚未定义 V2I 的承载技术，Uu 和 PC5 接口都是网络通信管道。下面几个因素会影响这两种接口技术的应用情况：

(1) 行业诉求。交通部门具有通过 5.9 GHz 专网来承载 V2I 应用 (路侧交通基础设施对车辆实行管控，调度等)的诉求，因此需要 PC5 接口来承载 V2I 业务。

(2) 网络覆盖。在无公网覆盖地区(例如偏远危险路段)，RSU (PC5 类型)作为方便快捷的部署手段，可以提供 V2I 业务。

(3) 传输效率。Uu 接口主要采用单播传输(目前，LTE 广播/多播很少应用于商用，如果对其进行部署，还需要改造网络)，而 PC5 接口采用广播/多播传输。Uu 接口的单播资源开销会随着车辆数的增加而线性增加，在车辆密集的场景下，网络容量可能无法满足需求。

(4) 跨运营商支持。当 V2I 业务通过 Uu 接口来承载时，某一网络发送的 V2I 业务只有该网络的用户才能享受到。当 V2I 业务通过 PC5 接口来承载时，任何用户都可以享用到，这可以提升无线频率的利用率。

(5) 通信时延。相比基站(Uu 接口)，RSU(PC5 接口)可以以更短的时延来承载 V2I 业务。但是，基站(Uu 接口)结合移动边缘计算 MEC 可以大幅度降低时延，当然，这还取决于网络侧是否部署了移动边缘计算节点。

PC5 接口方式下有 Mode3 和 Mode4 两种资源调度模式，即基站调度模式和自主选择模式，同时为减少空口信令开销，采用预约的 SPS 半静态资源调度方式，以提高资源利用率和通信可靠性。一个终端在同一个时刻只能在基站调度模式或自主选择模式中选取一种，不能同时存在，并且 Mode 3 和 Mode 4 的资源池是相互独立的。Mode 3 要求 UE 必须连接到基站上，这会造成额外的信令开销。目前，在没有基站的场景下，大部分 UE 都是工作在 Mode4 模式下。

在 Mode3 模式下，UE 首先向基站发送 SR 资源调度请求，基站根据用户位置以及资源利用情况通过在 LTE 授权频段上发送调度信令用于专用频段 5.9G 上的 V2X 传输，因此需要移动网络及时掌握 5.9G 频段网络资源的使用情况。Mode 3 的调度原理如图 4-11(a)所示，其调度方式完全由基站调度，当车辆较多，且 PC5 资源紧张时，基站可以选择为其中某些车辆优先分配资源，而为其他车辆分配较少甚至不分配资源。

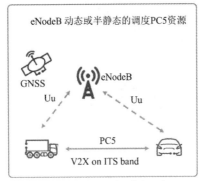
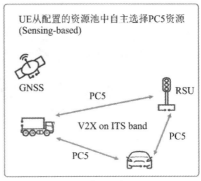

(a) eNodeB动态或半静态调度　　　　　(b) UE自主调度

图 4-11　PC5 接口的资源调度

Mode4 调度方式是终端自主选择方式，资源的选择采用 Sensing+SPS (感知+半静态调度)的策略。由于 LTE-V 业务数据包可能会随时发生，终端用户始终在 1000 ms 的窗口内进行 Sensing(感知)，在数据业务需要被发送时进行资源选择，而不需要通过基站进行资源集中调度，如图 4-11(b)所示。采用 Sensing+SPS 调度策略可以在通信信道实现资源预留机制，即一次分配，多次使用，以此降低 PDCCH 开销，并且可以感测事件，从而避免发生碰撞，提高系统性能。

4. 5G-V2X 通信接口关键技术

5G-V2X 的目标是更低时延、更高可靠性、更大带宽、更精准定位和更全面的覆盖，5G-V2X 分别在 Uu 接口和 PC5 接口使用多种增强技术以得到更高的性能。

(1) Uu 接口增强技术。5G-V2X 在 Uu 接口使用的技术包括 UCNC(User Centric No Cell Radio Access，用户为中心的无蜂窝无线接入)、灵活多播技术、统一 QoS 技术。

在 UCNC 中引入了两个新概念 Virtual Cell(虚拟化小区)和 Hyper Cell(超级小区)。用户周边的 TRP(Transmission and Receiving Point，传输点)组成 Virtual Cell 并随着用户移动。Hyper Cell 是指将连续覆盖的多个独立的 TRP 对应的覆盖区域合并为一个 Hyper Cell 小区来提供业务。由于各 TRP 使用相同的 PCI 和 CGI，UE 在 TRP 间移动时感知不到多个 TRP 的存在，所以不需要切换小区，这样可以提升 TRP 间覆盖交叠区的用户体验。如图 4-12(a)所示，车辆在行驶过程中会经过不同的小区，但是由于使用了连续覆盖的不同 TRP 进行传输，所以无需切换小区。在 UCNC 中，同时使用双连接来增强覆盖。

5G 在 Rel-17 中引入多播广播服务，支持下行点到多点传输以节省空口资源，应用场景就包括 V2X，如图 4-12(b)所示。其中 UPF 是多播业务的信令面锚点，支持多播会话管理，与 SMF 交互以向其提供多播会话上下文信息。UPF 还用于向 gNodeB 发送多播数据，通过多播技术实时将 V2X Server(V2X 服务器)中的数据传输给车辆编队，使得通信效率更高、可靠性更高。

(2) PC5 接口增强技术。5G-V2X 通过 PC5 接口使用 Sidelink 进行直接通信,Sidelink 是为了支持 V2X 设备之间进行直接通信而引入的新链路类型,最早是 D2D 场景下引入的, 在 5G-V2X 体系中又进行了扩充和增强。

LTE-V2X 只支持 Sidelink 广播,这可以支持基本的安全驾驶业务。5G-V2X 的 Sidelink 支持广播、组播、单播业务,终端可以同时参与多个单播、组播和广播通信,来实现不同 的信息传递,其中单播能实现 3 ms 端到端时延的可靠传输;组播可实现有限传输范围的周 期性数据传输;广播实现覆盖范围尽可能大的周期性传输。同时对于组播和单播场景,支 持 HARQ,可提高通信的可靠性。

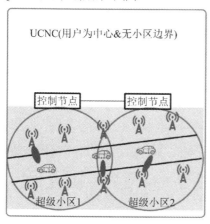
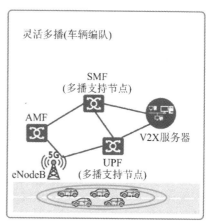

(a) UCNC技术　　　　　　　　　　　(b) 灵活多播技术

图 4-12　5G-V2X Uu 接口关键技术

5G 的 Sidelink 主要由 PSCCH(Physical Sidelink Control Channel,物理侧链路控制信道)、 PSSCH(Physical Sidelink Shared Channel, 物理侧链路共享信道)、PSBCH(Physical Sidelink Broadcast Channel, 物理侧链路广播信道)和 PSFCH(Physical Sidelink Feedback Channel, 物 理侧链路反馈信道)组成,其中前三种信道在 LTE-V2X 时已经存在,PSFCH 是由 5G-V2X 为了支持 HARQ 传输而引入的。

基于 5G-V2X 的 Sidelink 支持单播、组播和广播技术,其中单播可实现 3 ms 端到端时 延的可靠传输;组播能完成有限传输范围的周期性数据传输,5G 的 Sidelink 可以将在一定 范围内、使用相同业务的汽车动态组成组播组;广播能实现覆盖范围尽可能大的周期性传 输,多种传输方式灵活使用能适应多种应用场景。

5G 的 Rel-17 规范除了引入多播技术,还在 Sidelink 引入了 U2N Relay(UE-to-Network Relay,U2N 中继)技术,当远端 UE 与基站间的链路质量变差时,远端 UE 可以选择合适的 中继 UE,通过 U2N 中继技术保证业务的连续性。并且通过该中继技术能扩展覆盖范围, 多链路也能提高可靠性。

在 5G-V2X 中,Uu 接口和 NR-PC5 接口采用统一的 QoS 参数。如图 4-13(a)所示,NR- PC5 接口的数据流和 NR-Uu 接口的两条数据流共享同样的 QoS 参数,以此进一步保障通 信的可靠性。

在车联网中,精准的定位技术有利于提高驾驶决策的准确性, 图 4-13(b)呈现的是 Sidelink 定位技术,RSU 通过 Sidelink 与车辆进行通信,采用 TDOA(Time Difference of

Arrival, 到达时间差)或 AOA(Angle of Arrival, 达到角)测距算法进行定位, 可以实现厘米级的车辆高精度定位, 让车联网应用更加安全、便捷。

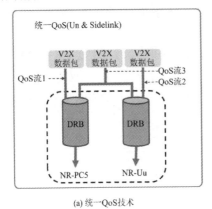

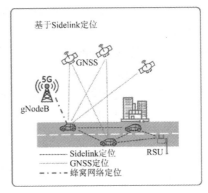

(a) 统一 QoS 技术   (b) Sidelink 定位技术

图 4-13   5G-V2X 通信接口关键技术

4.2.4   车联网应用案例

车联网的整体部署方案如图 4-14 所示, 利用 4G、5G 基站, 形成全覆盖网络, 提供车联网业务。利用 RSU 局部覆盖, 实现 PC5 接口通信, 作为与交通基础设施交互的桥梁, 可以实现 V2X 数据的下发和回传, 与蜂窝网络共同保障"车-路-人-云"的多路径实时通信。MEC 服务器提供基于 Uu 接口的低时延业务, 对 V2X 的数据进行本地化处理。V2X 业务平台应具有网络管理能力, 包括业务管理、连接管理, 实现车—车协同和车—云协同; 还应具有网络开放能力, 如进行大数据分析拓展新的业务渠道, 或者向第三方企业开放网络接入功能, 允许第三方企业进行业务定制。

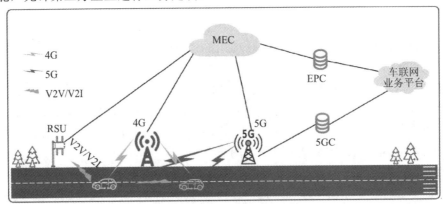

图 4-14   车联网整体部署方案

无锡市是我国首个国家级车联网先导城市, 也是国家智慧城市基础设施建设与智能网联汽车协同发展的首批试点城市。无锡市已与华为、中兴、平安、百度等龙头企业围绕车联网签订了战略合作协议, 完成首个车联网城市级部署, 实现"人-车-路-网-云"协同, 开展基于 C-V2X 的多个场景示范。图 4-15 中呈现了四个车联网常用场景, 包括 V2I 信号灯信息推送、V2V 高优先级车辆让行、V2I 可变车道、V2P 弱势交通参与者碰撞预警。由于车联网是新兴产业，相关应用尚处于发展阶段，因此无锡市结合自身实际，将地图导航服务作为突破口。当地基于公安交管和各类交通信息，从最基础的红绿灯信息起步，逐步丰富各类车联网应用场景，已累计打造交通事件提示、精准公交、盲区预警、路险信息等 40 余项车联网应用。在无锡市使用地图 App 导航时，路口的信号灯信息都可以在应用中看到。

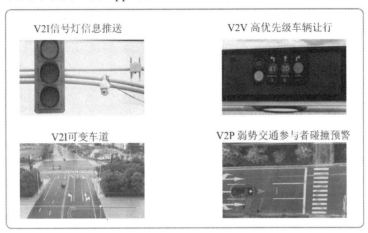

图 4-15　车联网应用场景

如图 4-16 所示，结合 5G 技术实现矿车自动驾驶，在纯电动自动驾驶矿车上安装智能终端模块 CPE(Customer Premise Equipment，客户前置设备)，CPE 能将 5G 信号转换成 WiFi 信号，车载终端模块通过 CAN 总线获取车辆整车及电池数据，同时接收 GPS(Global Positioning System，全球定位系统)定位信息，再通过 5G 网络传输到云计算平台(含中控计算单元、安全计算单元等)，平台通过实时工况监测，及时有效地控制车辆行驶状态，发送车辆预警信息，有效排除车辆运行安全隐患，同时提供核心的数据支撑。能实现无人驾驶智能调度、移动终端高清图像回传、云计算等。此方案帮助矿区实现安全生产，降低人工和整车使用成本，提升运行效率，实现安全、高效的矿区作业。

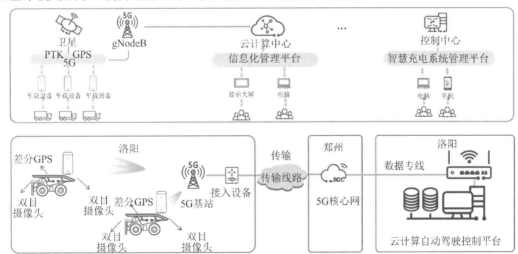

RTK—Real-time Knematic(实时动态测量)。

图 4-16　5G 实现纯电动自动驾驶矿车组网示意图

4.3　其他行业解决方案

4.3.1　智能电网解决方案

1. 经典电力系统

经典电力系统包括发电、输电、变电、配电和用电五大环节，如图 4-17 所示。发电厂的发电机将原始能源转换成电能，经过变电站将电能升压至 35~500 kV 后输出，由高压输电线传送到受电区域变电站，经变电站降压至 6~20 kV，再由配电线送到用户配电变电所并降压至 380 V 低压，经过用电环节提供给用户使用。

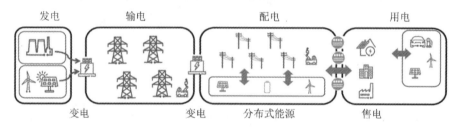

图 4-17　经典电力系统组成示意图

图 4-18 所示的是我国电力通信网的分布情况，其中国家骨干网、省骨干网、城域网的通信设备为自建专网，多采用光纤传输；接入网和街边柜等众多用电设备因为覆盖面广，连接数过多而导致通信光纤覆盖率低。如何满足配电、用电最后一公里的业务智能化，是当前的难点。

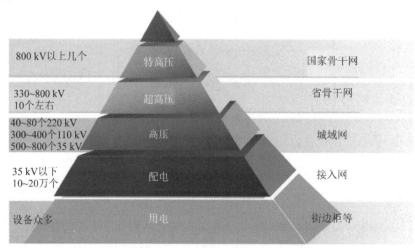

图 4-18　我国电力通信网分布示意图

电网出于对安全的考虑，相对来说，其网络通信发展比较滞后，很多设备还在使用 GPRS(General Packet Radio Service，通用分组无线服务)通信方式。GPRS 公网在线率低、时延大、故障定位慢，不能承载"三遥"(遥测、遥信与遥控)业务，而通过运营商 4G 承载业务的费用又比较高，而且公网承载电力业务安全性低、可靠性差。因此，传统电网正在向智能电网发展。

2. 智能电网

智能电网，就是电网的智能化，它建立在集成的、高速双向通信网络的基础上，通过先进的传感和测量技术、先进的设备技术、先进的控制方法以及先进的决策支持系统技术的应用，实现电网的可靠、安全、经济、高效、环境友好和使用安全的目标。

随着各领域新技术的快速发展，智能电网在发展建设过程中也遇到了新能源、新用户、新设备的挑战，这为智能电网建设带来了新的内涵，如图 4-19 所示。

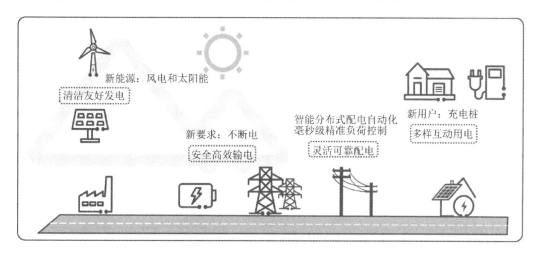

图 4-19　智能电网的发展

(1) 新能源。为应对全球变暖和实现可持续发展，迫切需要发展可再生能源发电。但是，可再生能源发电的大量并网将给电网运行、管理带来新的挑战。一方面，可再生能源发电的间歇性、随机性特点，给电网功率平衡、运行控制带来困难；另一方面，DER(Distributed Energy Resource，分布式能源)的深度渗透使配电网由功率单向流动的无源网络变为功率双向流动的有源网络。

(2) 新用户。随着电动车的快速发展，电动车充电容量需求十分可观，为更好地对需求侧进行管理(例如削峰填谷)，用电管理可以采用新的模式，充电车充电可以由传统的在设备接通时用电，变为充电时间可选的互动式用电。

(3) 新设备。新设备、新场景的出现对用电质量提出了更高的要求，一些高科技数字设备要求"零中断"供电。从电网运营角度对资源利用效率的要求也在逐步提高，比如提高设备利用率、减低容载比、减少线损等，需要对电网的负荷与供电进行更精确的调整。

3. 5G 使能智能电网

为适应国家能源互联网发展战略，满足日益增长的配电自动化、用电信息采集、分布式电源、电动汽车充电站(桩)、配变监测、电能质量监测等基础业务应用，以及移动巡检、配网抢修、智能家居等扩展业务综合接入通信需求，建立高速、开放、安全的电力无线专网是智能电网发展的重要支撑。

电力 230 MHz 频段为离散窄带频谱资源，未在 3GPP 定义的 5G 频段范围内，按照

3GPP 标准的定义，5G 部署至少需要 5 MHz 连续带宽，因此电力 230 MHz 频段不具备直接部署 5G 的条件。电力申请 5G 专网频谱的前景不明朗，无线频谱委员会当前仅授权运营商 5G 频谱进行网络部署。电力 230 MHz 频段虽不能直接部署 5G，但可以结合载波聚合、动态频谱共享等无线通信技术构建 230 MHz 电力无线专网，形成一张全覆盖的电力物联基础网，承载电力基础业务，230 专网由于可用频点资源少，对大带宽业务的支持能力有限；随着 5G 公网的 eMBB 网络的成熟和规模部署，单终端带宽的大幅提升，其可用于承载电力非关键的大带宽业务，如高清视频、VR 等业务。

我国电力无线专网尚处在早期建设阶段，覆盖不足，因此专网覆盖的区域，将由专网承载电力业务，专网未覆盖的区域，公网将继续用于承载电力非控制类业务接入需求，随着专网覆盖的增加，公网业务可逐步迁移至专网。

结合电网对于无线通信的需求，未来基于 5G 可以使能的典型智能电网应用场景将会包括智能分布式配电自动化、毫秒级精准负荷控制、低压用电信息采集、分布式电源等。其中智能分布式配电自动化和毫秒级精准负荷控制两种场景对通信网络的关键需求基本一致，都是毫秒级的超低时延、高隔离性(配电自动化和精准负荷控制属于电网生产大区的控制类业务，要求和其他管理大区业务隔离)和 99.999%的通信高可靠性；低压用电信息采集对通信网络的关键需求为千万级的终端接入和秒级的准实时数据上报；分布式电源对通信网络的关键需求为百万级至千万级终端接入、秒级的下行控制时延和 99.999% 的高可靠性，它们之间的差异性如表 4-5 所示。

表 4-5　智能电网差异化需求

业务场景	通信时延要求	可靠性要求	带宽要求	终端量级要求	业务隔离要求	业务优先级	切片类型
智能分布式配电自动化	高	高	低	中	高	高	uRLLC
毫秒级精准负荷控制	高	高	中低	中	高	中高	uRLLC
低压用电信息采集	低	中	中	高	低	中	mMTC
分布式电源	中高	高	低	高	中	中低	mMTC(UL)+uRLLC(DL)

5G 网络切片能够匹配智能电网不同业务的差异化需求，uRLLC 切片可以满足电网核心工业控制类业务的连接需求，而 mMTC 切片用来匹配信息采集类业务。除了 uRLLC 和 mMTC 这两大类最典型的切片之外，在电力行业还可能存在着 eMBB 切片(典型业务场景：无人机远程巡检)和 Voice(语音)切片(典型业务场景：人工维护巡检)等切片需求。

基于智能电网的应用场景和 5G 网络切片的架构功能，5G 智能电网多切片设计和管理的总体架构如图 4-20 所示。针对不同业务场景的要求，分别考虑信息采集切片、配电自动化切片和精准负荷切片。不同切片分别满足对应场景的技术指标要求。实现分域的切片管理，并将其整合为端到端的切片管理，以保证业务要求。

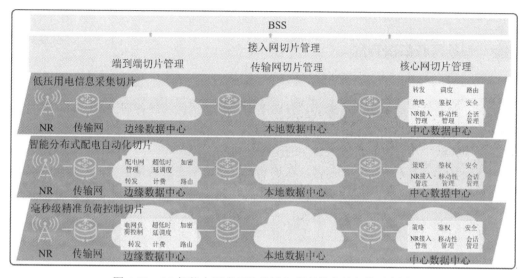

图 4-20　5G 智能电网多切片设计和管理的总体架构示意图

4. 智能电网案例

本案例由某供电公司、某电信公司和华为公司共同实施，测试重点是验证 Rel-15 版本中 eMBB 技术承载精准负荷控制端到端时延的性能是否达标。

本案例中使用的 5G 基于 3400～3500 MHz 频段，带宽 100 MHz，eMBB 天线数量为两根，空口调度周期为 0.5 ms，5G 核心网到电力精控主站之间的传输采用百兆光纤到户专线通道；用户侧采用华为 5G eMBB 家庭宽带 CPE，5G 核心网采用端到端的网络切片技术。系统搭建 5G eMBB SA 核心网电力切片环境，在用户侧分别部署 5G 室分站点和宏站，在供电公司搭建精控主站。精控主站和 5G 核心网之间的传输采用百兆光纤到户专线通道，5G 基站与 5G 核心网依托 IP 技术回传网络，采用 CTD-1 (Charge Transfer Device，电荷转移器件) 电力通信测试仪对负控终端至精控子站之间的时延进行测试，具体如图 4-21 所示。

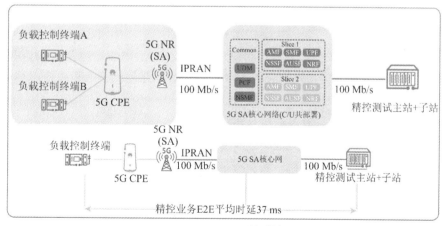

E2E－End to End (端到端)

图 4-21　基于 5G 的精准负荷控制组网方案

通过测试，得出端到端平均时延为 37 ms，其中，5G 核心网至 CPE 终端的通信时延为 4.5 ms，5G 核心网至子站通信时延为 0.5 ms，其余子站下发控制命令、负控终端接收控制命令的处理时延均满足市场需求。

4.3.2　智能医疗解决方案

1．传统医疗行业痛点

目前，我国的医疗资源严重缺乏且分布不均，城镇居民和农村居民每千人中约有医护人员分别为10人和四人，城镇拥有的医护人员数量比农村的两倍还要多。在一些大医院甚至出现了"排队三小时，看病五分钟"的现象。

医疗现状中还存在以下几个问题，在患病人群中重病患者数量巨大，专业医生供不应求；急救病对抢救时限和疾病诊断准确性的要求极高，由于专业急救人员缺乏以及出诊急救人员缺乏经验等原因，导致急救病死亡率较高；目前我国人口老龄化加速已经呈现出明显的趋势，对医护资源的需求量也出现骤增态势。

2．智能医疗

从2000年至2030年的30年中，全球55岁以上的人口占比将从12%增长到20%。这就需要有更先进的医疗水平作为老龄化社会的重要保障。随着互联网和移动互联网的发展，智慧医疗应运而生。移动互联网在医疗设备中的使用量正在持续增加，无线网络连接医疗辅助系统可以提供远程诊断、远程手术和远程医疗等解决方案，实时进行健康管理，跟踪病人的病情，推荐治疗方案和药物，并建立后续预约。这种无线化、远程化和智能化的医疗服务就构成了智慧医疗，如图4-22所示。

图4-22　智慧医疗示意图

2025年，智慧医疗市场的投资预计将超过2300亿美元，5G将为智慧医疗提供所需的网络连接。而远程诊断这一类特殊的应用，特别依赖5G网络的低延迟和高QoS保障特性。

3．5G助力智慧医疗

医院信息化建设正在经历从传统的自建向以业务价值为导向的数字化、智能化、高效、协同的产业互联方向发展。2018年4月，我国发布了《全国医院信息化建设标准与规范》，明确了医疗行业数字化转型的方向，共包含5章22类262项。主要应用场景是患者定位、无线输液、无线监护、移动查房、机器人查房、应急救援、远程会诊、远程超声、远程手术等，5G不仅会为每个智慧医院的每一个场景下带来新的体验，而且还会带来新的商业价值，主要包括以下几个方面：

(1) 远程多媒体会议系统让医院的外延更广，受众群体更多。

(2) 5G让远程医疗研讨、教学、手术示范等更便捷、更生动。

(3) 打通医联体与专科联盟系统，使得专家资源、医疗设备均能实现智能互联。

(4) 远程手术是远程医疗的皇冠，5G 给远程手术提供了更好的技术实现条件。

移动查房、远程会诊、远程手术等多种场景都需要使用医疗影像，这也对网络提出了大带宽的需求，而且医疗操作提出短时延要求，常见的医疗场景对网络带宽和时延的需求如表 4-6 所示。而 5G 网络能提供 10 Gb/s 超大带宽、毫秒级超低时延、1 M/km² 超大规模连接，可以满足多种医疗场景的需求，能够助推智慧医疗的发展，图 4-23 所示的是利用 5G+MEC 为智慧医疗提供基础支撑的实现方案，将 MEC 服务器部署在医院内部，MEC 就近部署能保障低时延，它和 5G 大带宽结合能实现远程手术、移动阅片等智慧医疗手段。

表 4-6　医疗场景对网络带宽和时延的需求

场　景	患者端的传输内容	患者端的带宽需求	E2E 时延
远程 B 超	操作控制信息(DL，传输速率为 1 Mb/s)	UL，18 Mb/s DL，9 Mb/s	100 ms
	高分辨率医学影像(UL，传输速率为 10 Mb/s)		
	医患通信视频(UL/DL，传输速率为 8 Mb/s)		
远程手术	操作控制信息(远程桌面 UL，传输速率为 4 Mb/s)	UL，20 Mb/s DL，12 Mb/s	20 ms
	手术台监控视频(UL，传输速率为 8 Mb/s)		
	会诊互动视频(UL/DL，8 Mb/s)		
远程急救	救护车医疗信息(UL，12 Mb/s)	UL，20 Mb/s DL，8 Mb/s	50 ms
	车与急救中心互动视频(UL/DL，8 Mb/s)		

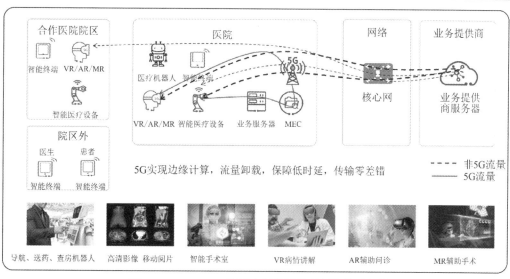

图 4-23　5G+MEC 为医疗行业提供创新的基础支撑

4. 智慧医疗案例

以某省为例，全省 13 个区市，急救车 501 辆，但专业急救医师仅 252 人，专业急救人员缺乏，且大部分出诊急救人员能力有限，需要远程指导。

利用 5G 网络构建智慧医疗，将车辆的实时位置、患者的心电图、超声图像、血压、心率、氧饱和度、体温等数据通过 5G 网络实时同步到远程急救指挥中心，急救指挥中心的医生确诊患者病症，并通过实时音视频指导急救人员进行急救，实现方案如图 4-24 所示。

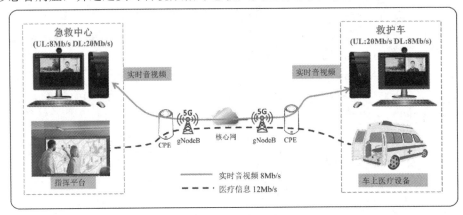

图 4-24   远程急救案例

在这种方式下，通过远程指导共享医师经验，为挽救生命获得及时救治争取时间，提升院前急救总体效能。

4.3.3   智慧教育解决方案

1. 传统教育向智慧教育转变

传统教育方式主要以单一平面教学为主，中学阶段多采用题海战术，教育效率较低，很多课程的教学内容不够直观，授课质量无法得到保障。而且教育资源往往集中在发达地区，教育资源不平衡。显然传统教育已无法适应现代社会的发展，需要与社会数字化转型接轨。

2023 年 2 月 13 日，由教育部与中国联合国教科文组织全国委员会共同举办的首届世界数字教育大会在北京开幕。教育部部长怀进鹏在大会上发表了题为《数字变革与教育未来》的重要讲话，指出了教育是与人的成长紧密相连的，是与社会文明发展共生相伴的，是人类最古老且最崇高的事业。每一次科技的重大发展与创新，每一次产业的变革与生活方式的转型，均影响乃至改变着教育。数字化是引领未来的新浪潮，教育与数字的碰撞，将奏出人类文明教育更优美的乐章。

在世界数字教育大会上，我国首次发布了《中国智慧教育蓝皮书(2022)》与《2022 年中国智慧教育发展指数报告》。报告中明确提出智慧教育是数字时代的教育新形态，是教育数字化转型的重要目标，是未来的教育发展方向。

2. 当前数字教育存在的问题

随着互联网和移动通信技术的发展，教育领域和数字技术的结合推动了教育的发展，但当前数字教育网络仍然存在着诸多挑战。

(1) 教育信息系统资源共享难。教学、科研、管理、技术服务、生活服务等信息化系统采用烟囱式建设模式，导致出现信息孤岛现象，业务流程整合度低。

(2) 新型教育业务承载能力不足。4K/8K 直播课堂、AR/VR 课堂、全息教育、4K 高清监控、学校移动巡逻车等新型业务对网络带宽提出了更高需求。

(3) 数据安全风险大。跨校区的共享资源、学生与家长信息等存在泄漏风险，教育大数据的汇聚也将进一步加剧数据的安全风险。

(4) 建设与运维成本高。教育信息系统建设以及多网融合导致建设、运维成本较高。

3. 5G 智慧校园网络架构

智慧教育作为教育信息化的高端形态,其愿景和目标是助力打造智慧国家和城市、变革教学模式和培养卓越人才,而丰富优质的数字化资源是智慧化教学和学习的必要支撑。目前,5G 网络已进入商用时代,世界各地 5G 网络的发展也如火如荼,基于 5G 的智慧课堂,通过各组成硬件终端的 5G 化,充分利用 5G 网络与生俱来的技术和业务优势,带给学校教师和学生更快、更好、更流畅的体验,5G 智慧课堂的特点有以下几个:

(1) 统一承载网络,学校不再需要部署多种网络。

(2) 超高带宽保证了智慧课堂中的交互显示终端设备、信号传输及处理终端设备,不仅能够完美地再现 4K 级别的画面效果,还能够承载即将到来的 8K 交互终端设备。

(3) 速度更快、延时更低。保证了智慧课堂中的常态化录播,在远程授课时,远端会场可以毫无延迟地感知和体验到"名师优课"高达 4K 甚至更清晰的课堂画面。

(4) 在教育教学上产生了新的应用场景,如游戏化课程、VR 实验环境、高清立体显示、远程考试监测、学习行为追踪、智能实验系统和智能教学系统等。

图 4-25 呈现了 5G 智慧校园网络架构,该架构针对教育业务的需求,结合 5G 特性,通过接入多种形态的智联终端和教育装备,构建全连接教育专网,部署整合计算、存储、AI(Artificial Intelligence,人工智能)、安全能力的教育边缘云,提供具备管理、安全等能力的应用使能平台,建设智能校园并打造多样化教育应用。

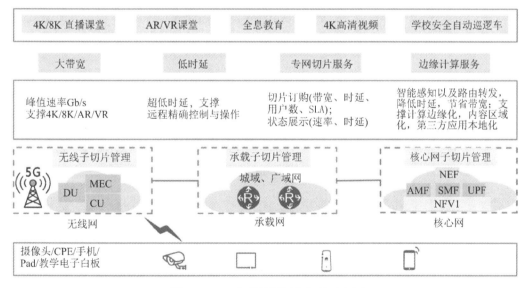

图 4-25　5G 智慧校园网络架构示意图

5G 教育专网是通过 5G 切片技术来实现的,切片为教育业务在一个物理网络之上构建了多个专用的、虚拟的、隔离的、按需定制的逻辑网络,以此来满足不同业务对网络能力的不同要求(时延、带宽、连接数等),通过全连接使能 5G、4G、NB-IoT(Narrow Band Internet of Things,窄带物联网)和专线网络的数据共享,避免不同网络之间的数据孤岛,构建数据共享的网络基础。同时,对师生、家长等隐私数据进行本地化传输与存储,保证用户数据安全。

5G 移动边缘计算可提供海量终端管理、高可靠低时延组网、分级质量保证、数据实时计算和缓存加速、应用容器服务及网络能力开放等基础能力,并可提供多级边缘计算体系,为智慧教育提供实时、可靠、智能和泛在的端到端服务。针对高校的多种教育场景提供多级边缘计算的解决方案建议,边缘计算节点部署于基站侧、基站汇聚侧或者核心网边缘侧,为教育提供多种智能化的网络接入以及高带宽、低时延的网络承载,并依靠开放可靠的连接、计算与存储资源,支持多生态业务在接入边缘侧的灵活承载。

4. 智慧教育案例

如图 4-26 所示,在某大学课堂上,老师佩戴 AR 眼镜进行现场教学,AR 课件在眼镜中成像并被采集至大屏幕,360°全景摄像头在实时采集图像,实时将图像通过 5G 网络回传至服务器机房,进行 VR 图像渲染,并推送至远端 5G 接入侧;在距离较远的某学校的远端学习的学生佩戴基于 5G 的 VR 眼镜,可以实时沉浸式观看课堂老师+AR 成像的教学内容。

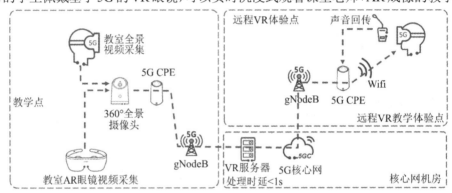

图 4-26　智慧教育案例——VR 远程教学示意图

4.3.4　智慧制造解决方案

1. 工业互联网现状

工业互联网目前以有线网络为主,但有线网络具有布线工期长、易腐蚀、维护难、成本高、高度垄断等诸多缺点。以无线方式实现的工业互联网相较有线网具有覆盖广、扩展性强、组网灵活、易维护等优势。

目前,各种无线工业互联网也存在着各自的不足,WiFi 一般用于仓储移动扫码、AGV(Automatic Guided Vehicle,自动导引小车)调度等,其主要问题是覆盖差、不稳定且存在安全风险。蓝牙多用于传感数据采集和资产管理定位,但工作距离受限。在对实时可靠性要求高的控制场景下一般使用工业专用无线网络,但工业专用无线网络产业链较窄,而且部署成本高。4G 技术多用于大型设备远程监控和远程维护场景,但 4G 不支持大连接和高实时性。对于工业互联网来说,现有无线通信网络协议众多,各有不足且相对封闭,设备互联互通难,制约设备上云,当前工业领域亟须构建新一代无线通信网络。

相比于其他无线通信网络,5G 通信具备更低的时延、更高的速率和更好的业务体验,还具有感知泛在、连接泛在、智能泛在等特点,有望成为未来工业互联网的连接基石。我国拥有大中型工厂数量已达 10 余万,蜂窝连接替代 WiFi 等无线连接需求强烈,5G 已成为运营商切入智慧工厂的新抓手。

2. 新工业革命

新工业革命是第四次工业革命,前三次工业革命分别是蒸汽技术革命、电力技术革命、计算机及信息技术革命,如图 4-27 所示。目前人类已进入新工业革命时代,新工业革命时代是一个以电力、计算机和互联网广泛应用为主且不断将工业发展推向新高度的时代。在这一时代,劳动者、生产工具和生产资源实现智能互联,信息技术与先进制造技术深度融合,生产全过程的物理世界与数字世界、生产与服务之间的界限渐趋模糊。以 5G 为首的 ICT 技术正在成为智能化新工业革命的基础。

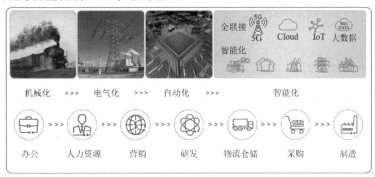

图 4-27　新工业革命示意图

在当前的新工业革命时代,中国社会正进行着一项伟大的社会实践,这就是实施《中国制造 2025》,建设制造强国。新工业革命时代给政府、企业、研究机构、生产者和消费者带来了新的挑战,传统商业模式被新的生产模式和商业模型取代,不断出现的创新性技术和颠覆性技术给从业者和生产者提出更高的要求,生产性基础设施、制造标准和产业政策也将面临重大调整。智能化改造和数字化转型是当前制造业的主攻方向。

3. 5G 赋能智能制造

智能制造是我国制造业创新发展的主要抓手,是我国制造业转型升级的主要路径,是《中国制造 2025》加快建设制造强国的主攻方向。以 5G 为引领的数字技术将在工业智能制造领域孕育出更多的新产业、新模式和新业态。

如图 4-28 所示,基于 5G 的机械臂控制代替有线网络操作,通过工业云平台实现工厂内机械臂的实时控制,支持工厂越来越柔性化。这样能节省线缆及布线工作量,大大节省生产线调整的时间;而且控制系统功能部分上移至边缘 MEC,系统统一控制,降低系统本身及后续维护升级成本。

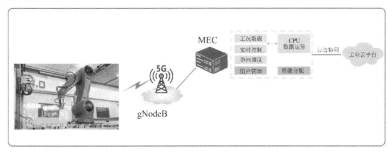

图 4-28　基于 5G 网络的机械臂控制

AR 设备具有的可视化和交互功能，可确保在模型可视化和内容交互方面实现最高水平的效率和功能。将 5G 与 AR 技术相结合，能够应用在数字设计协作、装配操作辅助、销售可视化展示、运营维护指导等多种场景。

图 4-29 呈现的是基于 5G 和 AR/VR 的远程现场方案，能实现多种应用。

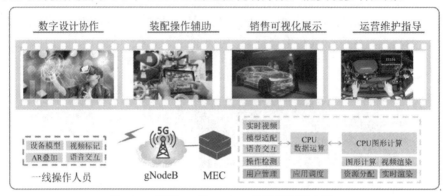

图 4-29　基于 5G 和 AR/VR 的远程现场方案

(1) 数字设计协作。如 Realibox(引力波)能够将 CAD(Computer Aided Design，计算机辅助设计)设计模型转换成为身临其境的体验，实现从传统"3D 模型"到"实时沉浸式体验"的转换。借助 Realibox Studio 编辑器提供的场景模板和直观的拖放工具，以"所见即所得"的方式呈现真实的材质、灯光、场景等设计效果，为模型添加更多的设计方案，管理和切换更复杂的信息交互，让设计师人人都可以在数分钟内构建交互式场景。

(2) 装配操作辅助。在高端、复杂的设备研制中，装配工作占全部工作量的 40%～50%，通过 5G 通信并运用 AR 技术实现 3D 虚拟模型与真实零部件在佩戴者眼中 1∶1 的虚实结合，动态展示零部件的标注信息，提高装配效率。

(3) 销售可视化展示。例如汽车厂商进行 AR 卖车、房地产商在网上卖房等。

(4) 运营维护指导。一线作业人员通过 AR 终端使用 5G 网络同远方指挥中心的专家进行实时的双向音视频通话，在采集现场图像信息的同时，可以得到指挥中心专家的技术指导。

 4.4　5G +新技术融合创新应用

4.4.1　ICT 技术融合驱动数字经济

当今 ICT 技术的快速发展将人类带入到数字经济时代，数字经济是以数字化的知识和信息为关键生产要素，以数字技术创新为核心驱动力，以现代信息网络为重要载体，通过数字技术与实体经济深度融合，不断提高传统产业数字化和智能化水平，加速重构经济发展与政府治理模式的新型经济形态。数字经济作为信息时代新的经济社会发展形态，容易实现规模经济和范围经济，日益成为全球经济发展的新动能。

"5G+云+AI"正在成为推动数字经济发展的重要引擎，5G 网络的高可靠性、云计算的海量算力、AI 的智能应用正在相互协同发展并已深入到各行各业，创造出新的业务体验、新的行业应用以及新的产业布局。从数字政务到智慧城市，从工业自动控制到农业智慧管理，"5G+云+AI"的融合创新发展将打开千行百业的新发展空间，为政企数字化转型和产业升级注入新的动能。

当前，数字经济正在由消费互联网向产业互联网转变。随着全球数字经济发展进程的不断深入，数字化发展进入了动能转换的新阶段，数字经济的发展重心由消费互联网向产业互联网转移，数字经济正在进入一个新的时代。产业互联网指的是传统产业借力 5G、云计算、AI、大数据、物联网等新兴数字技术，提升内部效率和对外服务能力，实现跨越式发展，其本质要推动企业主体利用数字技术提升效率和优化配置，同时将产业上下游的企业各个体和数据连接起来。

在未来的二三十年内，人类社会将会演变成一个智能社会，智能社会有三个特征：万物感知、万物互联和万物智能，如图 4-30 所示。万物可感能感知物理世界的各种信息并将其转变为数字信号，多感官渠道(温度、空间、触觉、听觉、视觉)可以实现情境感知和交互，即沉浸式用户体验；网络连接万物，将所有数据实现在线连接，从城市、高山、太空等不同空间、地域和领域实现宽、广、多、深的连接，使能智能化；基于大数据和人工智能的应用将实现万物智能，数字孪生将在个人、家庭、行业和城市中逐步普及，使物理世界变得更加美好，同时将出现数字化生存的第二人生，使精神世界更加富足。由于有了先进的 ICT 技术，这三大特征才能实现，ICT 基础设施将成为智能社会的基石。

图 4-30　ICT 基础设施成为智能社会的基石

据中国信息通信研究院测算，预计在 2020—2025 年，我国 5G 商用将会直接带动经济总产出约 10.6 万亿元，直接创造经济增加值约 3.3 万亿元；间接带动经济总产出约 24.8 万亿元，间接带动的经济增加值约 8.4 万亿元；在就业贡献方面，预计到 2025 年，5G 将直接创造超过 300 万个就业岗位。由此可见，5G 对于经济增长的贡献潜力巨大，5G 技术在改变着人们日常的生活和生产方式，甚至会给社会带来根本性的变革。

4.4.2　新技术的特征与现状

1. 物联网 IoT

IoT(Internet of Things，物联网)的理念最早可追溯到比尔·盖茨于 1995 年创作的《未来之路》一书。在《未来之路》中，比尔·盖茨已经提及物互联，只是当时受限于无线网络、硬件及传感设备的发展水平有限，并未引起人们的重视。1998年，美国麻省理工学院(Massachusetts Institute of Technology，MIT)创造性地提出了当时被称作EPC系统的物联网构想。1999年，美国Auto-ID(自动识别)中心在物品编码、RFID技术和互联网的基础上首先提出物联网概念，IoT就是物物相连的互联网。这包含了两层意思：其一是物联网的核心和基础仍然是互联网，是在互联网基础上的延伸和扩展的网络；其二是ToT的用户端延伸和扩展到了任何物品与物品之间，且互相之间可以进行信息交换和通信，也就是物物相息。

物联网使用到的无线通信技术很多，主要分为两类：一类是ZigBee、WiFi、蓝牙、Z-wave等短距离无线通信技术，这四种短距离无线通信技术的对比如表4-7所示；另一类是LPWAN，即长距离的广域网通信技术。

表4-7　短距离无线通信技术的对比

技术指标	Bluetooth	WiFi	ZigBee	Z-Wave
频段	2.4 GHz	2.4 GHz、5 GHz	868 MHz/915 MHz、2.4 GHz	868.42 MHz(欧洲) 908.42 MHz(美国)
传输速率	1～24 Mb/s	11b: 11 Mb/s 11g: 54 Mb/s 11n: 600 Mb/s 11ac: 1G b/s	868 MHz: 20 kb/s 915 MHz: 40 kb/s 2.4 GHz: 250 kb/s	9.6 kb/s 或 40 kb/s
典型距离	1～100 m	50～100 m	2.4 GHz band: 10～100 m	30(室内)～100 m(室外)
典型应用	鼠标、无线耳机、手机、电脑等邻近节点间的数据交换	无线局域网、家庭、室内场所的高速上网	家庭自动化、楼宇自动化、远程控制	智能家居、监控和控制

LPWAN可分为两类：一类是工作于未授权频谱的SigFox(法国SigFox公司推出的一种无线电通信技术)、LoRa(Long Range Radio，远距离无线电)等技术；另一类是工作于授权频谱下的NB-IoT、eMTC等技术。其中SigFox网络利用了超窄带UNB(Ultra-Narrow Band，超窄带)技术，传输功耗水平非常低，但是仍然可以维持一个稳定的数据连接。LoRa是一种基于物理层实现网络数据通信的技术，支持双向数据传输，符合一系列开源标准。NB-IoT是基于蜂窝的窄带物联网，其构建于蜂窝网络，只消耗大约180 kHz的带宽，可直接部署于GSM网络、UMTS(Universal Mobile Telecommunications System，通用移动通信系统)网络或LTE网络，以降低部署成本、实现平滑升级。eMTC是爱立信公司提出的无线物联网解决方案，它基于LTE接入技术设计了无线物联网络的软特性，主要面向低速率、深度覆盖、低功耗、大连接的物联网应用场景。这四种技术的特性对比如表4-8所示。

5G技术的突破是物联网产业的新机遇，与4G网络相比，5G具有更强大的通信和带宽能力，可以满足物联网应用对高速稳定传输和广泛覆盖的需求。在5G时代，许多之前处于理论或试验阶段的物联网应用不仅可以被成功实施，而且可以得到快速应用。

表 4-8 长距离无线通信技术的特性对比

对比因素	SigFox	LoRa	NB-IoT	eMTC
频段	SubG 免授权频段	SubG 免授权频段	主要在 SubG 授权频段	SubG 授权频段
传输速率	100 b/s	0.3～50kb/s	<100 kb/s	<1 Mb/s
特点	(1) 传输距离为 1～50 km (2) 功耗较低 (3) 提供 Sigfox 基地台及云端平台 (4) 全球性网络服务	(1) 传输距离为 1～20 km (2) 功率较低 (3) 运营成本低 (4) 可自行架设基站，自由度更高	(1) 传输距离为 1～20 km (2) 使用授权频段，干扰小 (3) 可维持稳定速率品质 (4) 可使用现有的 4G 基站	(1) 传输距离为 2 km (2) 使用授权频段，干扰小 (3) 速率高、可移动、可定位 (4) 支持语音
典型应用	智慧家庭、智能电表、移动医疗、远程监控和零售	智慧农业、智能建筑和物流追踪	水表、停车、宠物跟踪、垃圾桶、烟雾报警和零售终端	共享单车、宠物项圈、POS 机和智能电梯

在万物互联的场景中，机器类通信、大规模通信和关键任务通信对网络的速度、稳定性和时延都提出了更高的要求。人们对移动互联网大流量应用的需求和万物互联的需求非常大，包括自动驾驶、AR、VR、触敏互联网等新应用，对 5G 的需求也非常迫切。因此，5G 的到来，给物联网各领域产业带来了很大的机遇与商机。

2. 云计算

NIST(National Institute of Standards and Technology，美国国家标准与技术研究院)将云计算定义为：云计算是一种模型，它可以实现随时随地、便捷地、随需应变地从可配置计算资源共享池中获取所需的资源(网络、服务器、存储、应用等)，这些资源能得到快速供应和释放，使管理资源的工作量和与服务提供商的交互减小到最低限度。维基百科关于云计算的定义为：云计算是一种通过互联网，且以服务的方式提供动态可伸缩的虚拟化资源的计算模式。

虚拟化(Virtualization)是云计算的基础，虚拟化的含义很广泛，将任何一种形式的资源抽象成另一种形式的技术都是虚拟化。虚拟化是资源的逻辑表示不受物理限制的约束。简单地说，虚拟化就是在一台物理服务器上可以跑多台虚拟机，多台虚拟机共享物理机的 CPU、内存和 IO 硬件资源，但在逻辑上虚拟机之间是相互隔离的。本质上，虚拟化是由位于下层的软件模块，通过向上一层软件模块提供一个与它原先所期待的运行环境完全一致的接口的方法，抽象出一个虚拟的软件或硬件接口，使得上层软件可以直接运行在虚拟环境上。通过空间上的分割、时间上的分时以及模拟，虚拟化可将一份资源抽象成多份，亦可将多份资源抽象成一份。常见的虚拟化有内存虚拟化(Page File)、磁盘虚拟化(Virtual Disk)和网络虚拟化(VLAN)。

5G 时代为云计算带来了新的发展机遇。第一，5G 时代的云服务将得到全面升级。在 4G 时代，云计算的普及让更多的企业用户享受到了云带来的便利，但对于个人用户来说，接触云、使用云的机会并不是很多。而在 5G 时代，网络性能的提升可使更多的云服务升级，这直接影响到老百姓的衣食住行。5G 将与物联网、车联网、智慧城市、工业互联网、智慧医疗等场景深度整合让老百姓真正地进入智慧生活时代。第二，5G 必将推动云厂商的全面升级。5G 时代的网络的建设势必会大大提升，而网络建设的快速提升必将带动云基础架构的全面发展。云服务商们需要从网络架构、基础设施、服务模式和运营体系等方面进行升级改造，加快推进面向垂直行业与领域的云解决方案，以紧跟云计算时代发展的步伐。第三，5G 时代的云计算将由中心转向边缘。随着网络性能的提升，越来越多的设备会被接入到网络中，用户获取数据的需求将会越来越多，如果用户侧的数据每次都需要从存储的数据中心获取数据，那么将大大影响 5G 时代的应用体验。而边缘计算的发展使用户只需将处理请求传送到离用户更近的边缘数据中心处理即可，从而进一步降低网络时延，满足未来 5G 实时响应业务的交付需求。同时，借助边缘计算，5G 可进一步加快整合产业生态，挖掘新业务场景，探讨面向垂直行业的云服务模式。

3. 大数据

维基百科将大数据定义为：大数据是指利用常用软件工具捕获、管理和处理数据所耗时间超过可容忍时间的数据集。目前，业界对大数据尚未有一个公认的定义，不同的定义基本上是从不同的特征出发，试图给出大数据的定义。大数据的特征包括以下几点：

(1) 多样化(Variety)。它包含两方面的内容，一方面是数据来源多样化，就是由于通过不同渠道、不同平台采用数据所产生的多样化；另一方面是数据结构的多样化，比如有结构化的数据和非结构化的数据。

(2) 大量化(Volume)。互联网的发展规模以及它所产生的数据都在与日俱增，现在，互联网在一年里产生的数据量可与之前累计产生的数据相匹敌了，大量化实至名归。

(3) 速度化(Velocity)。速度化涉及大数据的整个流程，比如数据的增长速度，还有对数据的处理速度，很多类型的数据已经能够做到实时反馈了，即刚刚收集到的数据，就可以立即影响到人们的生活。

在 3V 的基础上，业界对 4V 的定义加上了价值(Value)的维度，而 IBM 对 4V 的定义加上了真实准确(Veracity)的维度。也就是说，大数据虽然数量巨大，但也不是越多越好，其中有很多数据都是没意义的，有用的数据就会被淹没在这海量的没用数据之中，而这一点也是大数据技术的处理难点之一，要对那些海量无用的、复杂的数据做深度分析，从其中挖掘出对人们来说是有价值的数据。

大数据分析与传统数据分析相比主要发生了四点改变，如表 4-9 所示。具体内容如下：

(1) 数据格式。传统数据的数据集往往较小，大多数关系型数据库都有一个完整的提取、转换和加载流程，因此加载进数据库的数据是容易被解析的，是被清洗过的格式数据。从数据格式上讲，传统数据都是结构化数据，所谓结构化数据就是存储在数据库里的可以用二维表结构来进行逻辑表达的数据。而不方便使用数据库二维表进行逻辑表达的数据即为非结构化数据，如办公文档、文本、图片、音频、视频等数据。大数据最大的优点是能够捕捉到传统数据之外的非结构化数据，可以分析与处理更多的数据。

(2) 数据关系。传统的数据分析方法是建立在关系型数据库之上的，数据之间的关系在数据库系统内已经被创立，而对数据的分析也是在此基础上进行的。而大数据中非结构化数据(视频、音频等)很难在所有的信息间以一种正确的方式建立关系，因此数据之间很难存在确定的关系。

(3) 处理方式。传统的数据分析大多采用离线处理方式进行定向的批处理，对已经获得的数据集中进行分析处理，通过将数据库管理与并行技术相结合来提高处理速度。大数据分析需要创新的算法和编程，而不是简单地添加硬件资源，利用新一代的分析软件对数据进行非定向批处理或实时分析处理。

（4）处理成本。在一个传统的数据分析系统中，并行分析是通过昂贵的硬件进行的，如大规模并行处理系统或对称多处理系统。而大数据分析可以通过通用的硬件和新一代的分析软件，如通过 Hadoop 或其他分析数据库来实现。主要的 IT 公司对大数据分析软件的购买已经成为一种日常现象，软件的成本相对于硬件还是要低一些。

表 4-9　传统数据分析与大数据分析的对比

对比因素	传统数据分析	大数据分析
数据格式	数据结构化	非结构化或半结构化
数据关系	关系模型	无确定关系
处理方式	定向批处理	非定向批处理或实时处理
处理成本	昂贵的硬/软件	通用硬件/开源软件

大数据技术并非仅指数据本身，而是指数据和大数据技术这二者的综合，是指伴随大数据的采集、存储、分析和应用的相关技术，是一系列使用非传统的工具来对大量的结构化、半结构化和非结构化数据进行处理，从而获得分析和预测结果的一系列处理和分析技术。

5G 技术的应用使数据呈规模化增长，数据维度也得到了进一步丰富，而且 mMTC 场景下的 5G 通信技术提供了海量连接，5G 技术刺激了物联网的发展，而物联网又刺激了大数据的发展，大数据技术实现了对大容量数据的分析与处理，并得到有价值的数据，从而帮助人们作出有效判断或决策。

4. 人工智能 AI

AI 是 1956 年由约翰·麦卡锡首次提出的，当时的定义为"制造智能机器的科学与工程"。人工智能的目的就是让机器能够像人一样进行思考，让机器拥有智能。但从现在的人工智能所涉及的范围来看，人工智能的定义已逐渐超越了当时，人工智能是研究、开发用于模拟、延伸和扩展人的智能的理论、方法、技术及应用系统的一门新的技术科学。

机器学习是专门研究计算机怎样模拟或实现人类的学习行为，以获取新的知识或技能，重新组织已有的知识结构使之不断改善自身的性能，它也是人工智能的核心研究领域之一。深度学习是机器学习研究中的一个新领域，源于人工神经网络的研究，它模仿人脑的机制来解释数据，例如图像、声音和文本。它们与人工智能的关系如图 4-31 所示。

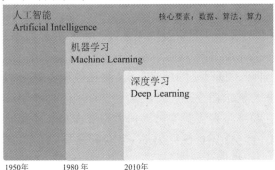

图 4-31　人工智能与深度学习、机器学习的关系

机器学习(包括深度学习分支)是研究"学习算法"的一门学问。所谓"学习"是指:对于某类任务 T 和性能度量 P,一个计算机程序在 T 上以 P 衡量的性能随着经验 E 而自我完善,那么称这个计算机程序是从经验 E 中进行学习的,如图 4-32 所示。具体内容如下:

(1) 任务 T。机器学习的任务是使学习算法(计算机程序)学会如何处理样本。样本是指从机器学习系统处理的对象或事件中收集到的已经量化的特征的集合。例如,分类、回归、机器翻译等。

(2) 性能度量 P。评估机器学习算法的能力。如准确率、错误率。

(3) 经验 E。大部分学习算法可以被理解为在整个数据集上获取经验。有些机器学习的算法并不是训练于一个固定的数据集上,例如强化学习算法会与环境交互,所以学习系统和它的训练过程会有反馈回路。

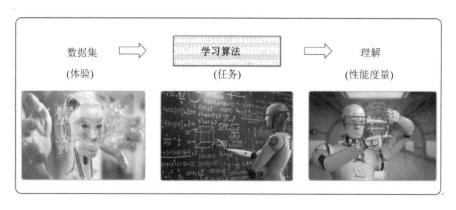

图 4-32　机器学习原理示意图

现在,AI 的应用技术方向主要分为计算机视觉、语音处理和自然语言处理三种。计算机视觉是研究如何让计算机"看"的科学,语音处理是研究语音发声过程、语音信号的统计特性、语音识别、机器合成以及语音感知等各种处理技术的统称,自然语言处理是利用计算机技术来理解并运用自然语言的学科。

目前,人工智能在通信、医疗、农业、社会治安、交通领域、服务行业、金融行业等领域均得到了快速发展。人工智能研究实验室 OpenAI 于 2022 年 11 月 30 日发布了全新聊天机器人模型 ChatGPT。ChatGPT 是人工智能技术驱动的自然语言处理工具,它能够通过学习和理解人类的语言来进行对话,还能根据聊天的上下文进行互动,真正像人类一样进行聊天和交流,甚至能完成撰写邮件、视频脚本、文案、翻译、代码等任务。

人工智能正在经历着由深度学习引发的第三次浪潮,并在数据、算力、算法和平台四个方面取得长足进步。5G 与 AI 能够相互促进,5G 是未来各行各业数字化转型的关键基础设施,具有高带宽、大连接、低时延的特点,5G 将在数据、算力和应用场景上使能 AI 发展。IMT-2020《5G 愿景与需求白皮书》预测,到 2030 年,全球移动网络设备的接入总量会超过千亿。5G 万物互联将带来数据体量、种类和形式的爆发式增长,能够为 AI 训练的建模采集海量优质数据。而 AI 同样能助力 5G 优化服务质量,如利用 AI 进行天线方位角预测、快速信道估计、天线权值优化等。

4.4.3　5G+新技术使能垂直行业应用案例

1. "5G+物联网"应用案例

"5G+物联网"正在加速行业应用的发展，为了高效地支持更低复杂度的物联网终端 (传感器、可穿戴设备、视频摄像头)，Rel-17 将 5G NR 设计带宽(100 MHz)缩窄至 Sub-7 GHz 频段的 20 MHz 和毫米波频段的 100 MHz。在绝大部分 Sub-7 GHz 新频段(n77、n78、n79、n41 等频段)，传统 5G NR 终端通常需要配备四根接收天线，但 Rel-17 将 NR-Light(5G 物联网终端)的接收天线数缩减至一根或两根，使得成本和功耗都大幅降低。它是 Rel-17 新引入的轻量级 5G 终端，包括工业传感器、监控摄像头、智能电网相关设备、高端可穿戴设备、高端物流跟踪设备等，支持较低的复杂度和功耗是这类终端的特点。

物联网终端智能化趋势正变得不可阻挡，智能台灯、智能垃圾桶、智能摄像头、智能水表等产品层出不穷。如图 4-33 所示，5G+物联网使能海量设备接入可实现以下几种应用场景：

(1) 智能消防。明火、火苗监控后迅速告警，通过 5G 网络智能启动灭火喷头。

(2) 智能照明、水表、电表。按需实现智能灯控、温控和水控，节约大量的无效能耗。

(3) 智能摄像头。获取海量的人群数据，可对人口流动进行分析。

(4) 车辆管理。有序调度医用、后勤车辆、应急定位和互助救援。

图 4-33　5G+物联网使能海量设备接入

2. "5G+云计算"应用案例

华为公司的 Wireless X Labs 研究表明，通过云端渲染的 CloudVR(云 VR)将是未来 VR 的发展趋势。在本地 VR 模式下，VR 终端需要通过线缆连接到本地服务器，用户体验差，且成本较高，而 CloudVR 实现了终端的无线化，并通过云端服务器完成图像渲染，极大地降低了终端成本并提升了用户体验。同时，CloudVR 对移动网络带来了更高的要求，主要是带宽和时延两个关键需求，比如，入门级的体验需要 100 Mb/s 带宽和 10 ms 时延，而极致的体验则需要 9.4 Gb/s 和 2 ms 的低时延，只有 5G 网络才能满足 VR 极致体验的要求。

目前，VR 的应用场景主要还是视频和游戏，未来将会向更多的应用场景拓展。如图 4-34 所示，"5G+云"应用在 VR 中，可通过云端服务器快算完成图像渲染，而 5G 传输缩短时延，能给人们带来身临其境的沉浸式感官风暴。

图 4-34　5G+云 AR 视觉体验

3. "5G+大数据"应用案例

目前，燃气物联网系统已逐步得到广泛应用，它除了实现燃气数据的管理，还可对燃气管道进行监测。如图 4-35 所示，这是一个基于 5G/IoT+大数据流处理实现燃气管道实时监测预警的案例，通过实时管道信息采集，获取燃气管道的相关数据，如输送量、流速等，并将其上传至物联网平台，经过大数据分析了解燃气流动的异常情况，通过预测模型估算风险点，进行预警，防患于未然。

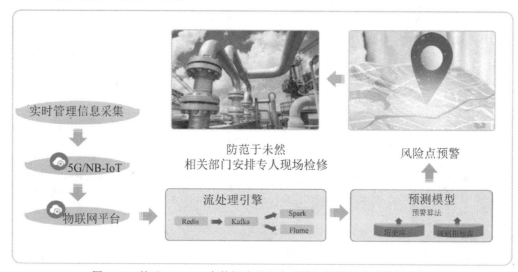

图 4-35　基于 5G/IOT+大数据流处理实现煤气管道的实时监测预警

4. "5G+AI"应用案例

对于一般的网络，由于带宽的限制，如果要传输视频流，3 s 左右的短视频的网络传输时间约为 5 s，这一传输时间无法达到实时反馈的效果。所以对于视频流 AI 主要的处理流程一般是，硬件终端先采集视频流中的目标对象(人脸、人体、物体等)，然后将采集下来的图片进行压缩送至云端进行进一步的识别、比对、存储、传输，而并非一次性将整个视频传输至云端进行识别。在 5G 环境下，理论上可达 10G 的带宽，视频流传输的壁垒将被打破，下载速度可达 700 MB/s，大大缩短了传输延时。

　　AR 借助 5G+AI，将实现强大的感知、环境识别与协同能力。如图 4-36 所示，AR 眼镜连接华为云端数据库，将视频通过 5G 网络实时传输到云端，系统能直接在云端的视频上进行 AI 人脸识别，发现陌生人员进行实时告警，安保人员收到实时告警，可以及时采取行动，比固定摄像头更灵活，能进一步提高工作场所的安全保障。

图 4-36　基于 5G+AI 的人脸识别

习　题

一、单选题

1. 不属于短距离通信的是(　　)。

A. ZigBee　　　　　　B. WiFi　　　　　　C. 5G 网络　　　　D. UWB

2. 在 SPS 中，系统的上行和下行资源需要通过 PDCCH 分配或指定(　　)次。

A. 一次　　　　　　　B. 两次　　　　　　C. 三次　　　　　D. 不限次数

3. OBU 指的是(　　)。

A. 路侧终端　　　　　　　　　　　　　B. 车载终端

C. 车载交互系统　　　　　　　　　　　D. 路侧感知设备

4. RSU 指的是(　　)。

A. 路侧终端　　　　　　　　　　　　　B. 车载终端

C. 车载交互系统　　　　　　　　　　　D. 路侧感知设备

5. 属于终端之间直通传输通信方式接口的是(　　)。

A. MQQT　　　　　　B. PC5　　　　　　C. Uu　　　　　　D. PCI

6. 美国主推的车联网技术标准是(　　)。

A. LTE-V2X　　　　B. 5G-V2X　　　　C. C-V2X　　　　D. DSRC

7. 属于基于 4G 的车联网技术标准的是(　　)。

A. LTE-V2X　　　　B. 4G　　　　　　C. C-V2X　　　　D. DSRC

8. 属于基于 5G 的车联网技术标准的是(　　)。

A. LTE-V2X　　　　B. 5G-V2X　　　　C. C-V2X　　　　D. DSRC

二、多选题

1. 能够实现 V2X 通信的是(　　)。

A. 蓝牙　　　　　　　B. WiFi　　　　　　C. DSRC　　　　　D. LTE-V

2. LTE-V2X 的两种接口是(　　)。

A. SDK　　　　　　　B. PC5　　　　　　C. Uu　　　　　　D. PCI

3. 属于短距离通信的是(　　)。

A. ZigBee　　　　　　　B. WiFi　　　　　　C. 5G 网络　　　　　D. DSRC

4. 属于长距离通信的是(　　　)。

A. LTE-V2X　　　　　　B. 4G 网络　　　　　C. 5G 网络　　　　　D. DSRC

5. V2X 中的 X 指的是(　　　)。

A. 车　　　　　　　　　B. 路　　　　　　　C. 人　　　　　　　　D. 设备

三、思考题

1. 简述我国的自动驾驶分为几个级别，具体如何划分？

2. 解释 C-V2X 网络通信方式与传统的 4G/5G 蜂窝数据的不同之处。

3. 简述智能网联汽车有哪些关键核心技术。

第 5 章 5G 无线网络规划

5.1 5G 无线网络规划流程

5G 无线网络规划是指根据网络建设的总体要求，综合考虑覆盖、容量、带宽、提供业务以及投资成本等因素，设计无线网络的建设目标，确定基站的数量、位置和配置。5G 无线网络规划的总目标是以合理的投资构建符合近期和远期业务发展需求并达到一定服务等级的新一代移动通信网络。

5G 无线网络的规划流程整体上与 4G 的类似，包括需求分析、规模估算、站址规划、仿真分析和参数设计五个阶段，具体流程如图 5-1 所示。

图 5-1 网络规划流程

(1) 需求分析。本阶段需要通过调研访谈，根据建网策略、地理环境、人口经济状况与行为习惯等明确网络的建设目标，设定网络覆盖目标、容量目标和质量目标，并收集现网 3G/4G 站点数据及地理信息数据，这些数据对 5G 网络建设具有指导意义。

(2) 规模估算。本阶段通过覆盖和容量估算来确定基站的数量，在进行覆盖估算时首先要确定当地的传播模型，然后通过链路预算来确定不同小区的覆盖半径。容量估算不能简单套用 4G 的话务模型，根据需求分析和市场调研确定当地的话务模型，同时需要与覆盖规划相结合，最终结果同时满足覆盖与容量的需求。

(3) 站址规划。在站址规划阶段，主要工作是依据规模估算的建议值，结合目前网络站址资源情况，进行站址布局工作，并在确定站点初步布局后，结合现有资料或现场勘测来进行站点可用性分析，确定目前覆盖区域可用的共址站点和需新建的站点。

(4) 仿真分析。得到初步的站址规划结果后，需要将站址规划方案输入到 5G 规划仿真软件中进行覆盖及容量仿真分析，通过仿真分析输出结果，可以进一步评估目前规划方案是否可以满足覆盖及容量目标，如存在部分区域不能满足要求，则需要对规划方案进行调整修改，使得规划方案最终满足规划目标。

(5) 参数设计。 在利用规划软件进行详细规划评估之后，可以输出详细的无线参数，这些参数最终将作为规划方案输出参数提交给后续的工程设计及优化使用。

5.2　5G 典型场景覆盖设计示例

5G 建网初期的目标是满足 eMBB 应用场景的需求。eMBB 为增强移动宽带场景，能给用户提供更快捷、更稳定的无线带宽连接体验，针对的是大流量移动宽带业务，适用于虚拟现实、增强现实、无线热点、车载信息娱乐等应用类型，具体业务种类如表 5-1 所示。

表 5-1　eMBB 目标场景业务种类

应用类型	业务种类
VR(虚拟现实)	Live Sport(赛事直播) Video Gaming/Video Entertainment (游戏/娱乐) Communication and Social (社交) Retail Real Estate (远程看房) Tourism (旅游) Education and Training/Healthcare (教育/医疗) Military (军事)
AR(增强现实)	Life Assistant (生活辅助) Shopping/Tourism (购物/旅游) Personal Diagnose (私人看诊) AR Live Sports/Gaming (运动/游戏)
Hotspot(无线热点)	Dense Urban (城区) Stadium/Shopping Mall(运动场/购物中心) High Speed Train (高速列车) Airport/Stations (机场/火车站) Emergency(应急场景)
In Car infotainment (车载信息娱乐)	AR Navigation (导航) Charging (计费) Service Pop-up (业务推送) 4K Video (车载视频) Mobile Office (移动办公) Remote diagnostics/maintenance (远程排障/维护) Car Parkin (智能停车)

覆盖场景不同，对流量的需求也不同，根据 3GPP 规范中 eMBB 场景下的初期部署目标速率，在一般城区和郊区的宏蜂窝小区，下行体验速率为 50 Mb/s，上行体验速率为 25 Mb/s；在密集城区，下行体验速率为 300 Mb/s，如表 5-2 所示。在实际部署中根据覆盖场景确定覆盖目标。

表 5-2　5G eMBB 场景下的初期部署目标速率(3GPP TS 22.261)

场　景	体验速率(DL)	体验速率(UL)	连接密度	激活比
城市宏站	50 Mb/s	25 Mb/s	10 000/km²	20%
农村宏站	50 Mb/s	25 Mb/s	100/km²	20%
密集城区区域	300 Mb/s	50 Mb/s	25 000/km²	10%
类似广播电视的服务	最大 200 Mb/s(每个频道)	N/A 或适度 (例如每个用户 500 kb/s)	一个载波上的广播频道(20 Mb/s)	N/A
高速火车	50 Mb/s	25 Mb/s	1000/train	30%

5.3　5G 站点数估算与小区参数规划

5.3.1　5G 链路预算

　　链路预算是移动通信网络覆盖分析的重要手段之一，可用于网络建设期间的无线网络规划阶段，也可用于网络建成后的无线网络优化和运营维护阶段。链路预算的目的是确定小区的最大覆盖，得到小区覆盖半径，进而从覆盖的维度估算出网络的规模，即所需基站的数量，如图 5-2 所示。

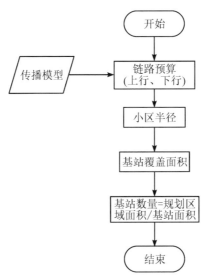

图 5-2　基于覆盖的站点数估算

1. 下行链路预算

　　链路预算通过对传播途径中各种影响因素的考察和分析，对系统的覆盖能力进行估计，获得保持一定呼叫质量下链路所允许的最大传播损耗。5G 的链路预算影响因素在 C-Band

上与 4G 的无差别，但在毫米波频段上需要额外考虑人体遮挡损耗、树木损耗、雨衰、冰雪损耗的影响。如图 5-3 所示，下行链路预算需要对下行通信链路上的各种损耗和增益进行核算：

$$\text{PL}_{DL} = P_{out\_gNB} - S_{UE} + G_{gNB} + G_{UE} - L_C - L_P - L_F - L_B - M_S - M_I - M_R \qquad (5\text{-}1)$$

其中：PL_{DL} 为下行链路最大传播损耗，单位为 dB；P_{out_gNB} 为基站发射功率，单位为 dBm；S_{UE} 为终端 UE 接收机灵敏度，单位为 dBm；G_{gNB} 为基站天线增益，单位为 dBi；G_{UE} 为终端天线增益，单位为 dBi；L_C 为基站馈线损耗，单位为 dB；L_P 为穿透损耗，单位为 dB；L_F 为植被损耗，单位为 dB；L_B 为人体遮挡损耗，单位为 dB；M_S 为慢衰落余量，单位为 dB；M_I 为干扰余量，单位为 dB；M_R 为雨/冰雪余量，单位为 dB。

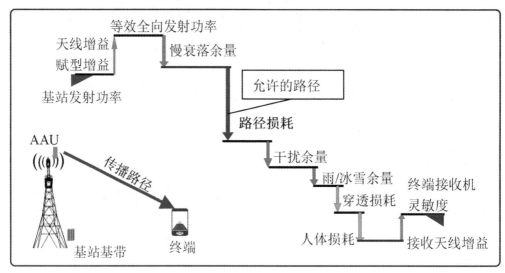

图 5-3　下行链路预算原理图

链路预算中，影响因素可以分为确定性因素和不确定性因素。确定性因素包括功率、天线增益、噪声系数、接收机灵敏度、人体损耗、穿透损耗、植被损耗、馈线损耗等，不确定性因素包括阴影衰落余量、雨雪影响、干扰余量等，由于这些因素不是随时随地都会发生的，因此将其当作链路余量加以考虑，下面对部分因素进行介绍。

(1) 天线增益。由于 5G 采用 Massive MIMO 技术，天线的增益通常为 10 dBi，不同配置下的天线增益如表 5-3 所示。

表 5-3　不同配置下的天线增益

天线配置		基站最大功率/dBm	天线增益/dBi	波束赋形增益/dB	电缆损耗/dB
C-Band	64T64R AAU	53	10	14	Q
	32T32R AAU	53	12	12	0
	16T16R AAU	53	15	9	0
	8T8R RRU	53.8	16	5	0.5
毫米波频段	4T4R	34	28	3	0

(2) 接收机灵敏度。接收机灵敏度指在分配的带宽下，不考虑外部的噪声或干扰，为满足业务质量要求而必需的最小接收信号水平。

$$\text{Reference Sensitivity} = \text{Thermal\_Noise} + \text{Noise\_Figure} + \text{SINR} \tag{5-2}$$

其中：Reference Sensitivity 为接收机灵敏度，单位为 dBm；Thermal_Noise 为背景噪声，单位为 dBm；SINR 为接收机所需的信干燥比，单位为 dB。

背景噪声即热噪声，热噪声是由传输媒质中电子的随机运动而产生的。在通信系统中，电阻器件噪声以及接收机产生的噪声均可以等效为热噪声。其功率谱密度在整个频率范围内都是均匀分布的，故又被称为白噪声。计算公式为

$$\text{Thermal\_Noise} = \text{Thermal\_Noise\_Density} + \text{Noise\_bandwidth} \tag{5-3}$$

其中：Thermal_Noise_Density 为热噪声密度，单位为 dBm/Hz；Noise_bandwidth 为噪声带宽，单位为 Hz。

接收机噪声系数指当信号通过接收机时，由于接收机引入的噪声而使信噪比恶化的程度。在数值上等于输入信噪比与输出信噪比的比值，是评价放大器噪声性能好坏的指标。该值取决于各厂家基站或终端的性能，不同设备的噪声系数参考取值如表 5-4 所示。

表 5-4　噪声系数值

设备类型	2.6 GHz	3.5 GHz	4.5 GHz	28 GHz	39 GHz
基站	3 dB	3.5 dB	3.8 dB	8.5 dB	8.5 dB
CPE	9 dB	9 dB	9 dB	9 dB	9 dB
手机	7 dB	7 dB	7 dB	10 dB	10 dB

SINR 取值和很多因素有关，包括要求的小区边缘吞吐率和 BLER(Block Error Ratio，误块率)、MCS、RB 数量、上下行时隙配比(TDD 特点)、信道模型和 MIMO 的流数。结合这些因素通过一系列的系统仿真可以得出要求的 SINR 值。

(3) 人体损耗、穿透损耗、植被损耗。人体损耗是指由于 UE 离人体很近而造成的信号阻塞和吸收引起的损耗，语音业务的人体损耗参考值为 3 dB。当数据业务以阅读观看为主，且 UE 距人体较远时，人体损耗取值为 0。

测试结果表明，高频人体损耗与人、接收端、信号传播方向的相对位置、收发端高度差等因素相关，人体遮挡比例越大，损耗越严重，室外典型人体损耗值约为 5 dB 左右。

穿透损耗是当人在建筑物或车内打电话时，信号穿过建筑物或车体造成的损耗，其与建筑物结构与材料、电磁波入射角度和频率等因素有关，应根据目标覆盖区实际情况确定。

在实际商用网络建设中，穿透损耗余量一般由运营商统一指定，以保证各家厂商的规划结果可进行相互比较。不同场景下的穿透损耗参考取值如表 5-5 所示。

表 5-5　不同场景的穿透损耗值

地物类型/频带	900 MHz	1800 MHz	2.1 GHz	2.3 GHz	2.6 GHz	3.5 GHz	28 GHz	39 GHz
密集城区	18 dB	19 dB	20 dB	20 dB	20 dB	26 dB	38 dB	41 dB
城区	14 dB	16 dB	16 dB	16 dB	16 dB	22 dB	34 dB	37 dB
市郊	10 dB	10 dB	12 dB	12 dB	12 dB	18 dB	30 dB	33 dB
农村地区	7 dB	8 dB	8 dB	8 dB	8 dB	14 dB	26 dB	29 dB

树木、植被对电磁波有吸收作用。在传播路径上，由树木、植被引起的附加损耗称为植被损耗，植被损耗不仅取决于树木的高度、种类、形状、分布密度和季节变化，还取决于电磁波的工作频率与通过树木的路径长度等多方面因素。对于低频段通信，且在密集城区植被较少的情况下可以不用考虑植被损耗。对于高频段通信，树木遮挡导致的衰减不可忽视，在植被较密区域建议取 17 dB 作为典型衰减值，具体值可根据规划场景实际情况进行调整。28 GHz 不同场景的植被损耗如表 5-6 所示。

表 5-6　植被损耗典型值

场　景	场景示意	实测/dB	典型值/dB
一棵稀疏的树		5～10	8
一棵茂密的树		15	11(树中下部) 16(树冠)
两棵树 (一棵树的树梢 + 一棵树的树冠)		15～20	19
三棵树 (两棵树的树梢 + 一棵树的树冠)		20～25	24

对于 Sub6G 频段、SUL 频段，无须考虑雨衰影响；Above6G 高频段(如 28 GHz/39 GHz 等)，在降雨比较充沛的雨区，当降雨量和传播距离达到一定水平时，会带来额外的信号衰减，网络规划设计需要考虑这部分影响，作为雨/冰雪余量计入到链路预算中。根据实测结果，使用 28 GHz 和 39 GHz 频段且当小区覆盖半径小于 500 m 时取 1～2 dB 作为衰减值。

(4) 馈线损耗。5G 采用 AAU 部署方式时，不需要考虑馈线损耗，当 5G 采用分布式基站时，从 RRU 到天线经过馈线连接，馈线和接头会带来一定损耗，其值通常取 1 dB。馈线损耗和馈线长度以及工作频带有关，具体值如表 5-7 所示。

表 5-7　馈线损耗值

gNodeB 线缆类型	线缆尺寸/ 英寸	gNodeB 线损 100 m/dB						
		700 MHz	900 MHz	1700 MHz	1800 MHz	2.1 GHz	2.6 GHz	3.5 GHz
LDF4	1/2	6.009	6.855	9.744	10.058	10.961	12.09	14.29
FSJ4	1/2	9.683	11.101	16.027	16.57	18.137	20.118	24.11
AVA5	7/8	3.093	3.533	5.04	5.205	5.678	6.27	7.51
AL5	7/8	3.421	3.903	5.551	5.73	6.246	6.89	7.49
LDP6	5/4	2.285	2.627	3.825	3.958	4.342	4.828	5.526
AL7	13/8	2.037	2.333	3.36	3.472	3.798	4.208	5.238

(5) 阴影衰落余量。阴影衰落即慢衰落，其符合正态分布。阴影衰落造成小区的理论边缘覆盖率只有 50%，为了满足需要的覆盖率引入了额外的余量，称为阴影衰落余量。阴影衰落余量与覆盖场景密切相关，其经验值如表 5-8 所示。

标准偏差：这是从不同的簇类型中获取的一个测量值，它基本代表距站点一定距离测得的 RF 信号强度的变量(该值在平均值周围呈对数正态分布)。

表 5-8　阴影衰落余量

参　　数	密集城区	城区	郊区	农村
阴影衰落标准差/dB	11.7	9.4	7.2	6.2
区域覆盖率/%	95	95	90	90
阴影衰落余量/dB	9.4	8	2.8	1.8

(6) 干扰余量。链路预算是单个小区与单个 UE 之间的关系。实际网络是由很多站点共同组成的，网络中存在干扰，因此，链路预算需要针对干扰预留一定的余量，即干扰余量，通过干扰余量来补偿来自负载邻区的干扰。干扰余量针对底噪提升，和地物类型、站间距、发射功率、频率复用度有关。通常情况下，同一场景站间距越小，则干扰余量越大；而网络负荷越大，则干扰余量越大。

在 50% 邻区负载的情况下，干扰余量一般取值为 3～4 dB。邻区的负载越高，干扰余量就越大，干扰余量经验值如表 5-9 所示。该表中 3.5G 频段数据是基于连续组网的，28G 频段数据是基于非连续组网的，二者的天线数量均为 64T64R，其中 O2O(Outside to Outside) 表示室外到室外，O2I(Outside to Inside) 表示室外到室内。

表 5-9　干扰余量经验值

频点/GHz	3.5				28			
场景	O2O		O2I		O2O		O2I	
	UL	DL	UL	DL	UL	DL	UL	DL
密集城区	2	17	2	7	0.5	1	0.5	1
城区	2	15	2	6	0.5	1	0.5	1
市郊	2	13	2	4	0.5	1	0.5	1
农村地区	1	10	1	2	0.5	1	0.5	1

2. 上行链路预算

类似地，5G 上行链路预算公式如式(5-4)所示，原理图如图 5-4 所示。

$$PL_{UL} = P_{out\_UE} - S_{gNB} + G_{UE} + G_{gNB} - L_C - L_P - L_F - L_B - L_F - M_S - M_I - M_R \qquad (5-4)$$

其中：PL_{UL} 为上行链路最大传播损耗，单位为 dB；P_{out_UE} 为终端 UE 发射功率，单位为 dBm；S_{gNB} 为基站接收机灵敏度，单位为 dBm；G_{UE} 为终端天线增益，单位为 dBi；G_{gNB} 为基站天线增益，单位为 dBi；L_C 为基站馈线损耗，单位为 dB；L_P 为穿透损耗，单位为 dB；L_F 为植被损耗，单位为 dB；L_B 为人体遮挡损耗，单位为 dB；M_S 为慢衰落余量，单位为 dB；M_I 为干扰余量，单位为 dB；M_R 为雨/冰雪余量，单位为 dB。

上行链路预算各参数的含义及典型值如表 5-10 所示。

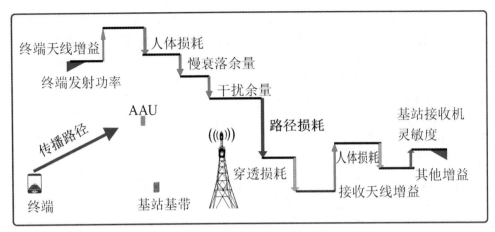

图 5-4　上行链路预算原理图

表 5-10　上行链路预算各参数的含义及典型值

参数名称	参　数　含　义	典型取值
TDD 上下行配比	5G 支持灵活的上下行配比	8∶2
TDD 特殊时隙配比	特殊子帧(S)由 DL、GP 和 UL 符号三部分组成，这三部分的时间比例(等效为符号比例)	10∶2∶2/ 6∶4∶4
系统带宽	包括 5～100 MHz，不同带宽对应不同的 RB 数	100 MHz
人体损耗	话音通话时通常取 3 dB，数据业务取值为 0，在高频情况下应考虑	低频 0 dB
UE 天线增益	UE 的天线增益为 0 dBi	0 dBi
基站接收天线增益	基站接收天线增益	18 dBi
馈线损耗	如果采用 AAU，则无须考虑馈线损耗，如果 RRU 上塔，则只有跳线损耗	1～4 dB
穿透损耗	室内穿透损耗为建筑物紧挨外墙以外的平均信号强度与建筑物内部的平均信号强度之差，其结果包含了信号的穿透和绕射的影响，与场景关系很大	10～30 dB
植被损耗	低频密集城区植被较少区域无须考虑植被损耗，高频植被较多区域视场景选择	高频 17 dB
雨衰	低频区域无须考虑，高频区域视降雨量和覆盖半径选择	高频 1～2 dB
阴影衰落标准差	室内阴影衰落标准差的计算：假设室外路径损耗估计标准差为 X dB，穿透损耗估计标准差为 Y dB，则相应的室内用户路径损耗估计标准差 $= \mathrm{sqrt}(X^2 + Y^2)$	6～12 dB
边缘覆盖概率	小区边缘电平值大于门限值的概率，视运营商要求而定	0.9
阴影衰落余量	阴影衰落余量(dB) =边缘覆盖概率要求×阴影衰落标准差(dB)	—
UE 最大发射功率	UE 的业务信道最大发射功率一般为额定总发射功率	23 dBm/26 dBm
基站噪声系数	基站放大器的输入信噪比与输出信噪比之比	4dB
干扰余量	干扰余量随着负载增加而增加	—

3. 链路平衡

在覆盖估算中，链路平衡是一个非常重要的问题，覆盖失衡现象会给网络的覆盖性能带来一定的负面影响。一方面，当下行链路覆盖太强而上行覆盖太弱时，对于处于切换状态的终端而言，根据参考信号的强度指示终端进行切换，但是终端的上行发射功率不足以维持上行链路的功率需求，很容易导致掉话；另一方面，若下行链路覆盖太弱而上行链路覆盖太强时，在小区边缘处，虽然终端有足够的发射功率，但是下行链路的信号太弱，终端很容易失去与基站的联系，因此要求上下行链路达到覆盖平衡，链路覆盖平衡的系统可以使切换平滑并降低干扰。

覆盖分析需要考虑多方面的因素，除了上下行链路覆盖的平衡，还需考虑非业务信道与业务信道的覆盖是否平衡，另外链路预算还与厂家设备有关，需要结合设备提供商的具体产品来确定主要参数，从而提高链路估算的精确程度。

5.3.2　5G 网络传播模型

传播模型用于预测无线电波在各种复杂传播路径上的路径损耗，是移动通信网小区规划的基础。传播模型的价值就是保证精度的同时，还可节省人力、费用和时间。传播模型的准确与否，关系到小区规划是否合理，以及运营商是否能够以比较经济合理的投资满足用户的需求。

根据自由空间传播理论，收发天线在自由空间(各向同性、无吸收、电导率为零的均匀介质)条件下传播损耗计算公式为

$$L_P = 32.44 + 20 \lg f\,\mathrm{MHz} + 20 \lg d\,\mathrm{km} \tag{5-5}$$

当距离 d 加倍时，自由空间传播损耗增加 6 dB，即信号衰减为 1/4；当频率 f 加倍时，自由空间传播损耗增加 6 dB，即信号衰减为 1/4。

考虑传播环境对无线传播模型的影响，确定某一特定地区的传播环境的主要因素包括以下几个方面：

(1) 自然地形(高山、丘陵、平原、水域等)。

(2) 人工建筑的数量、高度、分布和材料特性。

(3) 在进行网络规划时，一个城市通常会被划分为密集城区、一般城区、郊区、农村等几类不同的区域，以保证预测的精度。

(4) 该地区的植被特征为植被覆盖率，不同季节的植被情况是否有较大的变化。

(5) 天气状况是否经常下雨、下雪。

(6) 自然和人为的电磁噪声状况，周边是否有大型的干扰源(雷达等)。

(7) 系统工作频率和终端运动状况，在同一地区，工作频率不同，接收信号衰减状况也不同，静止的终端与高速运动的终端的传播环境也大不相同。

一个有效的传播模型应该能很好地预测传播损耗，由于在实际环境中地形和建筑物的影响，传播损耗也会有所变化，因此预测结果必须在实地测量过程中进一步验证。以往的研究人员和工程师通过对传播环境的大量分析、研究提出了许多传播模型，常用的传播模型如表 5-11 所示。

表 5-11　常用传播模型

模型名称	适 用 范 围
Okumura-Hata	适用于 150～1000 MHz 宏蜂窝预测
COST231-Hata	适用于 1500～2000 MHz 宏蜂窝预测
Keenan-Motley	适用于 800～900 MHz 室内环境预测
Uma	适用于 0.5～100 GHz 城区宏蜂窝预测
Umi	适用于 0.5～100 GHz 室内环境预测
Rma	适用于 0.5～100 GHz 农村宏蜂窝预测
InH	适用于 0.5～100 GHz 室内微蜂窝预测
通用传播模型	适用于 0.5～100 GHz 覆盖场景

1. Okumura-Hata 模型

Okumura-Hata 模型适用于宏蜂窝的路径损耗预测，应用频率为 150～1000 MHz，适用小区半径为 1～20 km，基站天线高度为 30～200 m，终端有效天线高度为 0～1.5 m。通过对测试数据进行统计分析得出了在 900 MHz 的 GSM 中得到广泛应用的经验公式。

Okumura-Hata 模型的传播损耗(dB)的计算公式为

$$\text{PL} = 69.55 + 26.16\lg f - 13.82\lg h_b + (44.9 - 6.55\lg h_b)\lg d - A_{\text{hm}} \tag{5-6}$$

其中：f 为频率，单位为 MHz；h_b 为基站天线有效高度，定义为基站天线实际海拔高度与天线传播范围内的平均地面海拔高度之差，单位为 m；d 为发射天线和接收天线之间的水平距离，单位为 km；A_{hm} 为有效天线修正因子，其数值为

$$A_{\text{hm}} = (1.1 \times \lg f - 0.7)h_m - (1.56\lg f - 0.8) \tag{5-7}$$

当该模型被应用于郊区和开阔地区时，为了使预测结果更准确，需要对计算结果进行修正。

郊区：
$$\text{PL}_{\text{suburb}} = \text{PL} - 2 \times \left[\lg\left(\frac{f}{28}\right)\right]^2 - 5.4 \tag{5-8}$$

开阔地区：
$$\text{PL}_{\text{open}} = \text{PL} - 4.78 \times \left[\lg f\right]^2 + 18.33 \times \lg f - 40.94 \tag{5-9}$$

2. COST231-Hata 模型

COST231-Hata 模型是 COST 工作委员会开发的 Hata 模型的扩展版本，应用频率为 1500～2000 MHz，适用覆盖半径为 1～20 km 的宏蜂窝小区，发射天线高度为 30～200 m，接收天线高度为 1～10 m。

COST231-Hata 模型的传播损耗(dB)的计算公式为

$$\text{PL} = 46.3 + 33.9\lg f - 13.82\lg h_b + (44.9 - 6.55\lg h_b)\lg d - A_{\text{hm}} + C_m \tag{5-10}$$

其中：C_m 为大城市中心校正因子，大城市 C_m=3 dB，中等城市和郊区中心区 C_m=0 dB。

当模型应用于农村和开阔地时，为了使预测结果更准确，需要对计算结果进行修正，

农村：
$$PL_{quasi-open} = PL - 4.78 \times (\lg f)^2 + 18.33 \times \lg f - 35.94 \tag{5-11}$$

开阔地：
$$PL_{open} = PL - 4.78 \times (\lg f)^2 + 18.33 \times \lg f - 40.944 \tag{5-12}$$

3. Keenan-Motley 模型

Keenan-Motley 模型应用于室内环境，包括视距(LOS)传播和非视距(NLOS)传播两种，其传播损耗(dB)的计算公式为

$$LOS：PL = 20\lg d + 20\lg f - 28 + X_\sigma \tag{5-13}$$

$$NLOS：PL = 20\lg d + 20\lg f - 28 + L_{f(n)}X_\sigma \tag{5-14}$$

式中：X_σ 为慢衰落余量，取值与覆盖概率和室内慢衰落标准差有关；$L_{f(n)}$ 为穿透损耗，$L_{f(n)} = \sum_{t=0}^{n} p_i$，$p_i$ 为第 i 面隔墙的穿透损耗，n 表示隔墙数量。隔墙穿透损耗的大小因建筑物材料而异，具体取值如表 5-12 所示。

表 5-12　不同材料的墙体穿透损耗

频率 /GHz	混凝土墙/dB	砖墙/dB	木板/dB	厚玻璃墙 (玻璃幕墙)/dB	薄玻璃 (普通玻璃窗)/dB	电梯门综合 穿透损耗/dB
1.8～2	15～30	10	5	3～5	1～3	20～30

4. Uma 模型

Uma 模型是 3GPP 36.873 协议和 3GPP 38.900 协议定义的传播模型，应用频率为 0.5～100 GHz，适用于小区半径为 10～5000 m 的城区宏蜂窝，发射有效天线高度为 10～150 m，接收有效天线高度为 1.5～22.5 m。分为视距模型(LOS)和非视距模型(NLOS)两种。

其传播损耗(dB)的计算公式为

$$LOS：\qquad PL = 22\lg d_{3D} + 28 + 20\lg f_c \tag{5-15}$$

$$NLOS：PL = 161.04 - 7.1\lg W + 7.5\lg h - \left(24.37 - 3.7\left(\frac{h}{h_{BS}}\right)^2\right)\lg h_{BS} + (43.42 - 3.1\lg h_{BS}) \times$$

$$(\lg d_{3D} - 3) + 20\lg f_c - \left(3.2(\lg 17.625)^2 - 4.97\right) - 0.6(h_{UT} - 1.5) \tag{5-16}$$

其中：f_c 为工作频率，单位为 MHz；d_{3D} 为基站天线到终端的距离，单位为 km；W 为平均街道宽度，单位为 m；h 为建筑物平均高度，h_{BS} 为天线绝对高度，h_{UT} 为接收机绝对高度，单位均为 m。

5. Umi 模型

Umi 模型是 3GPP 36.873 协议和 3GPP 38.900 协议定义的传播模型，应用频率为 0.5～100GHz，适用于小区半径为 10～5000 m 的微蜂窝，发射有效天线高度为 10 m，接收有效天线高度为 1.5～22.5 m。分为视距模型(LOS)和非视距模型(NLOS)两种。其传播损耗(dB)公式为

$$LOS：\qquad PL = 40\lg d_{3D} + 28.0 + 20\lg f_c - 9\lg((d'_{BP})^2 + (h_{BS} - h_{UT})^2) \tag{5-17}$$

$$NLOS：\qquad PL = 36.7\lg d_{3D} + 22.7 + 26\lg f_c - 0.3(h_{UT} - 1.5) \tag{5-18}$$

其中：f_c 为频率；d_{3D} 为基站天线到终端的距离；$d'_{BP} = 4h'_{BS}h_{UT}f_c/c$，其中 $h'_{BS}=h_{BS}-1$，$h'_{UT}=h_{UT}-1$，f_c 为频率，$c = 3.0 \times 10^8$m/s；h_{BS} 为天线绝对高度；h_{UT} 为接收机绝对高度。

6. Rma 模型

Rma 模型是 3GPP 36.873 协议和 3GPP 38.900 协议定义的传播模型，应用频率为 0.5～100GHz，适用于小区半径为 10～10 000 m 的农村宏蜂窝，发射有效天线高度为 10～150 m，接收有效天线高度为 1～10 m。分为视距模型(LOS)和非视距模型(NLOS)两种。其传播损耗(dB)公式为

$$\text{LOS：} \quad PL = 20\lg(40\pi d_{3D} f / 3) + \min(0.03h \times 1.72,10)\lg d_{3D} - \min(0.044h \times 1.72,14.77) + \quad 0.002\lg h \times d_{3D} \tag{5-19}$$

$$\text{NOLS：} \quad PL = 161.04 - 7.1\lg W + 7.5\lg h - (24.37 - 3.7(h/h_{BS})2)\lg h_{BS} + \quad (43.42 - 3.1\lg h_{BS})(\lg d_{3D} - 3) + 20\lg f_c - (3.2(\lg(11.75h_{UT}))2 - 4.97) \tag{5-20}$$

其中：f_c 为频率；d_{3D} 为基站天线到终端的距离；W 为平均街道宽度，5 m<W<50 m；h 为建筑物平均高度，5 m<h<50 m；h_{BS} 为天线绝对高度；h_{UT} 为接收机绝对高度。

7. InH 模型

InH 模型是 3GPP 36.873 协议和 3GPP 38.900 协议定义的网络传播模型，应用频率为 0.5～100GHz，适用于小区半径为 3～150 m 的室内微蜂窝，发射有效天线高度为 3～6 m，接收有效天线高度为 1～2.5 m。分为视距模型(LOS)和非视距模型(NLOS)两种。其传播损耗(dB)为

$$\text{LOS：} \quad\quad\quad\quad\quad PL = 16.9\lg d_{3D} + 32.8 + 20\lg f_c \tag{5-21}$$

$$\text{NLOS：} \quad\quad\quad\quad\quad PL = 43.3\lg d_{3D} + 11.5 + 20\lg f_c \tag{5-22}$$

其中：f_c 为频率；d_{3D} 为基站天线到终端的距离。

8. 通用传播模型

传播模型在实际使用过程中，还需要考虑到现实环境中各种地物、地貌对电波传播的影响，以保证覆盖预测结果的准确性。因此，在各种规划软件中，一般都使用通用的传播模型，然后根据各个地区的不同情况，对模型参数校正后再使用。其传播损耗(dB)为

$$PL = K_1 + K_2\lg d + K_3\lg H_{Txeff} + K_4 \times \text{Diffractionloss} + K_5\lg d \times \lg H_{Txeff} + \quad K_6(H_{Rxeff}) + K_{clutter}f(\text{Clutter}) \tag{5-23}$$

其中：K_1 为与频率相关的常数，K_2 为距离衰减常数，d 为发射天线和接收天线之间的水平距离，K_3 为基站天线高度修正系数，H_{Txeff} 为发射天线的有效高度，K_4 为绕射损耗的修正因子，Diffractionloss 为传播路径上障碍物绕射损耗，K_5 为基站天线高度与距离修正系数，K_6 为终端天线高度修正系数，H_{Rxeff} 表示接收天线的有效高度；$K_{Clutter}$ 为地物 Clutter 的修正因子，$f(\text{Clutter})$ 为地貌加权平均损耗。

所谓通用模型，是因为其对适用环境、工作频段等方面限制较少，应用范围更为广泛。该模型只是给出了一个参数组合方式，可以根据具体应用环境来确定各个参数的值。正是因为其通用性，所以才在无线网络规划中得到了广泛应用，几乎所有的商用规划软件都是在通用模型的基础上，实现了模型校正的功能。

除了上述经验模型外，一些著名的确定性模型可用于计算传播损耗。所谓确定性模型

是指通过采用更加复杂的技术,利用地形和其他一些输入数据估计出模型参数,从而应用于给定的移动环境。确定性模型主要依赖三维数字地图(必须足够精细)提供的相关信息,模拟无线信号在空间的传播情况。例如,利用双射线的多径和球形地面衍射来计算超出自由空间损耗的视距损耗的朗雷-莱斯模型和基于从发射机到接收机沿途的地形起伏高度数据来计算传播损耗的 TIREM(Terrain Integrated Rough Earth Model,整合地形的粗地球模型)等。

5.3.3　5G 网络容量估算

容量是指网络建成后在满足一定通信质量要求时,网络所能容纳的用户数量的总和。网络容量的评估需要结合用户数量的预测和话务模型分析计算出每小区的理论容量上限。5G 基站数量估算需综合考虑网络覆盖、容量两方面的因素,以寻求最佳平衡点。基于容量维度的基站数量估算步骤如图 5-5 所示,首先经过配置分析得到小区平均吞吐量,通过话务模型分析得到每个用户的吞吐量需求,进而计算出每个小区支持的用户数,再确定基站容量。根据基站容量与总用户数计算满足容量要求的最小基站数量,然后与覆盖规划结果比较,在二者之间取大者,以此保证同时满足覆盖和容量两方面的需求。

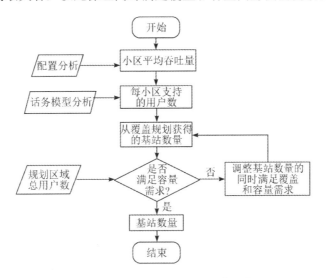

图 5-5　基于容量维度的站点数估算

基站容量估算以小区平均吞吐率为基准,估算步骤如图 5-6 所示。5G 的小区平均吞吐率可以基于如下方法估算推出:基于场景建模,在一定小区半径(例如从覆盖规划获取的小区半径)下,根据用户在覆盖范围内的分布特性和业务行为特征,仿真得到信号覆盖及 SINR 分布,根据 SINR 与速率的关联分析,得到用户的速率分布情况,进而得到小区平均吞吐率。不同的覆盖区域,如高楼密集城区、典型城区、郊区、农村等的小区吞吐率各不相同,用户的业务行为也会影响小区吞吐率。通常情况下,5G C-Band 频段 TDD 小区吞吐率下行约为 700 Mb/s～1.5 Gb/s,上行约为 100～200 Mb/s。

图 5-6 小区平均吞吐率估算步骤

5.3.4 5G 无线网络小区参数设计

1. PCI 规划

PCI 为物理小区 ID，每个 5G 小区都有一个 PCI，用于 UE 在无线侧标识小区。5G 中 PCI 规划与 4G 网络的 PCI 规划类似，错、乱、差的规划将影响信号同步、解调和切换，降低网络性能。与 4G 相比，5G 的 PCI 规划会相对简单一些，这是由于 5G 的 PCI 数量比 LTE 多一倍。5G 的 PCI 计算公式为

$$PCI = (3 \times N_{ID}^{(1)}) + N_{ID}^{(2)}$$

其中：$N_{ID}^{(1)}$ 为物理小区组 ID，范围为 0~335，定义 SSS 序列；$N_{ID}^{(2)}$ 为物理小区组内 ID，范围为 0~2，定义 PSS 序列。

5G PCI 规划主要遵循的规则如下：

(1) 避免 PCI 冲突和混淆。

① Collision-free(不冲突) 原则：相邻小区不能分配相同的 PCI。若分配相同的 PCI，则会导致重叠区域中初始小区搜索只能同步到其中一个小区，但该小区不一定是最合适的，这种情况称为 Collision(冲突)。

② Confusion-free(不混淆)原则：一个小区的两个相邻小区不能分配相同的 PCI，若分配相同的 PCI，当 UE 请求切换时，则基站侧不知道哪个为目标小区，这种情况称为 confusion(混淆)。

(2) 减小对网络性能的影响。

① 在基于 38.211 协议的各信道参考信号以及时频位置的设计中，为了降低参考信号的干扰，需要遵循 PCI Mod 30 规划(相邻小区 PCI Mod 30 的值不能相同)。

② 为了防止邻区干扰，有部分算法特性(如干扰协调、干扰随机化)需要参考 PCI Mod 3 的值，为了不改动这些算法的输入值，可将 PCI Mod 3 作为 PCI 规划的可选项，开启了这些算法特性的小区建议按照 PCI Mod 3 进行规划。

5G PCI 规划的原则总体上与 4G 的相同，但因为物理层二者采用的部分技术不同，所以规划原则也有所不同，具体如表 5-13 所示。

2. 方位角

4G 天线方位角指天线的朝向角度(正北顺时针 0°~360°)，现场使用罗盘测量天线方位角。5G 方位角按照外包络 3 dB 水平波宽中间指向定义。

在 5G 建网初期，可能覆盖目标主要是拉网路测，拉网路测场景的目标是街道覆盖最优，由于存量 3G/4G 站点的方向角均为瞄准连续组网设置，因此不能简单和 3G/4G 共方向角，方向角规划需要专门瞄准街道覆盖。

表 5-13　　4G 与 5G PCI 规划的区别

序　列	4G	5G	区别及影响
同步信号	主同步信号使用了 $N_{ID}^{(2)}$，基于 ZC 序列，序列长度为 62	主同步信号使用了 $N_{ID}^{(2)}$，基于 m 序列，序列长度为 127	4G 要求相邻小区之间的 PCI Mod 3 错开，避免无法接入问题；5G 相邻小区之间的 PCI Mod 3 即使未错开，其对同步时延的影响也是比较小的，对用户体验无感知
上行参考信号	DMRS for PUCCH/PUSCH，以及 SRS 基于 ZC 序列，有 30 组根，根与 PCI 关联	DMRS for PUSCH 和 SRS 基于 ZC 序列，有 30 组根，根与 PCI 关联	5G 与 4G 一样，相邻小区需要 PCI Mod 30 不同
下行参考信号	CRS 资源位置由 PCI Mod 3 确定	DMRS for PBCH 资源位置由 PCI Mod 4 取值确定	5G 没有 CRS；5G 增加 DMRS for PBCH，PCI Mod 4 不同可错开导频，但导频仍受 SSB 数据干扰，因此，PCI Mod 4 无须错开

对于连续组网的场景，在已有 3G/4G 网络运营商的情况下，预规划时共站比例都很高，初始方位角设置时运营商通常都要求参考现网 3G/4G 的天线指向。对于预规划时共站比例低的已有 3G/4G 网络或新兴的运营商，初始天线指向一般采用标准指向(三叶草形状)。方位角初始可采用 30°/150°/270° 的天线指向，以尽可能避免长直街道带来的波导效应。

无线网络规划中对方位角进行规划时，应主要遵循以下五条原则：

(1) 天线方位角的设计应从整个网络的角度进行考虑，在满足覆盖的基础上，尽可能保证市区各基站的三扇区方位角一致，必要时做局部微调。在城郊接合部、交通干道、郊区孤站等区域可根据重点覆盖目标对天线方位角进行调整。

(2) 天线的主瓣方向指向高话务密度区，可以加强该地区信号强度，提高通话质量。

(3) 异站相邻扇区交叉覆盖深度不宜过深，尽量避免对打；同基站相邻扇区天线方向夹角不宜小于 90°。

(4) 为防止越区覆盖，密集市区应避免天线主瓣正对着较直的街道、河流和金属等反射性较强的建筑物。

(5) 如果所勘测地区存在地理磁偏角，在使用指南针测量方向角时必须考虑磁偏角的影响，以确定实际的天线方向角。

3. 下倾角

4G LTE 大多采用传统天线，只有小区倾角的概念，小区只有一个宽波束，下倾角的调整是同时针对小区所有信道进行的，下倾角仅分为机械下倾角和电下倾角两部分，4G 机械下倾角与电下倾角的规划原则是波束 3 dB 波宽外沿覆盖小区边缘，控制小区覆盖范围，抑制小区间干扰。

5G 天线波束下倾角和 4G 传统宽波束不同，它分为公共波束下倾角和业务波束下倾角，如图 5-7 所示。公共波束下倾角由机械下倾角和 SSB 可调电下倾确定，调整公共信道波束，影响用户在网络中的驻留，能优化小区覆盖范围；业务波束下倾角由机械下倾角和CSI-RS波束下倾角确定，调整业务信道倾角会影响用户 RSRP、吞吐率和业务时延等。

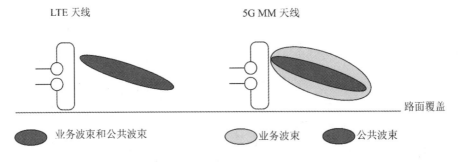

图 5-7　4G 与 5G 下倾角对比

5G 下倾角的含义包括以下五条：

(1) 垂直法线剖面外包络 3 dB 垂直波宽中间指向。

(2) 公共信道部分的场景化波束下倾角可调，默认的垂直波束主瓣方向和天线预置电下倾角一致。

(3) 业务信道下倾角与天线预置下倾角一致。

(4) 公共波束下倾角=机械下倾角+数字下倾角+预置电下倾角。

(5) 业务波束下倾角=机械下倾角+预置电下倾角。

其中，机械下倾角是由机械调整决定的下倾角，同时对公共波束和业务波束进行调整，5G RAN 1.0 版本中机械臂支持的机械下倾角调整范围为-20°～20°。

预置电下倾角的调整要考虑以下几个因素：

(1) 考虑典型的应用场景，为支持更大的有效范围，5G AAU 单元振子会考虑预置一定度数的下倾。

(2) 天线预置下倾角是天线内部固定的下倾角，对控制信道与业务信道波束都生效，5G RAN 1.0 版本单元振子预置下倾角为3°。

(3) 在做规划仿真和下倾角规划时，要考虑 AAU 自带预置电下倾的影响。

可调电下倾角是通过改变天线振子的相位，改变垂直分量和水平分量的幅值大小，进而改变合成场强的强度，从而使天线的方向图整体下倾，对控制信道与业务信道波束都生效。5G RAN 1.0 不支持可调电下倾。

5G RAN 1.0 中 AAU 波束数字下倾角功能仅支持广播波束下倾角的调整，不支持业务信道动态波束下倾角的调整，能够通过参数配置调整控制信道波束下倾角度，支持以 1°为粒度整体调整控制信道波束下倾角。

调整不同倾角产生的性能影响如下：

(1) 预置电下倾和可调电下倾调整的是振子相位，不会引起波形畸变。

(2) 机械下倾当调整较大度数时，会引起方向图畸变(法线天线增益下降)。

(3) 数字下倾仅影响广播波束，隶属于场景化波束优化。

5G 无线网络规划中对下倾角进行规划时，主要考虑以下五条原则：

(1) 保证 PDSCH 业务信道覆盖最优原则。

(2) 控制信道与业务信道同覆盖原则，默认控制信道倾角与业务信道倾角一致，即数字倾角默认为 0°，作为优化手段，调整控制信道覆盖区覆盖范围。

(3) 新建 5G 站点时，以波束最大增益方向覆盖小区边缘，当垂直面有多层波束时，原则上以最大增益覆盖小区边缘。

(4) 对于已有 4G 网络运营商的区域，预规划时共站比例都会很高，4G 下倾角的规划原则是波束 3 dB 波宽外沿覆盖小区边缘，以控制小区覆盖范围，抑制小区间干扰。5G 下倾角的规划原则是以波束最大增益方向覆盖小区边缘。共下倾角的规划原则为：4G 机械下倾 + 电下倾 = 5G 机械下倾 + 预置电下倾 + 可调电下倾 + 波束数字下倾 + 2°。

(5) 倾角调整优先级为：设计合理的预置电下倾>调整可调电下倾(5G RAN 1.0 无)>调整机械下倾>数字下倾。

5.4　无线网络规划案例

本书中所用案例是在讯方 5G 网络模拟实训系统(以下简称仿真软件)中完成的，本节首先介绍该仿真软件的特性及其操作流程。它将网络规则、硬件安装、设备调试、网络优化等过程合理地组织并融合到一起，通过引导学生循序渐进地学习训练，能使学生对 5G 移动通信网络从整体上建立较为全面和深刻的认知，对网络规划具有一定程度的掌握。

5.4.1　仿真软件的特性与操作流程

1. 特性

讯方 5G 仿真软件基于动态过程仿真软件运行平台开发，使用户能感受到身临其境的学习体验，它以仿真为前提，融合主流通信技术，结合工程实践并保持与运营商网络的同步演进与迭代。该仿真软件按照移动通信的当前主流组网模式设计，包含了无线接入网、光纤承载网和移动核心网三大层次的设备。其中，无线接入网包含 5G NR 无线设备以及 4G LTE 无线设备，光纤承载网包含 PTN(Packet Transport Network，分组传送网)移动回传设备和 OTN 波分复用设备，移动核心网包含 5GC 中的 AMF、SMF、UDM 等主要功能模块以及 EPC 中的 MME、S-GW、HSS 等主要功能模块。

该仿真软件分为五大操作模块，分别是网络拓扑规划、容量规划、设备配置、数据配置和业务调试，其中网络拓扑规划模块是对需要组建的网络结构进行规划以及网络关键参数的设置，容量规划模块是根据各类参数模板进行网络相关容量的计算，设备配置模块是根据网络规划结果进行机房的选址、设备的选型、设备的安装连线，数据配置模块是对设备配置中安装的设备进行数据参数的具体设置，业务调试模块是对之前模块操作内容的整体正确性、合理性和准确性进行测试和检验。通过对以上各模块的操作，使用者可以获得 5G 全网结构的具体认知，对 5G 无线网络规划的相关知识具有一定的掌握。

2. 操作流程

该仿真软件能够对 5G 网络的建立、运行和优化的全过程进行仿真，本节主要介绍网络拓扑规划这一模块的流程，登录成功该仿真软件后出现如图 5-8 所示的界面。在无线网络的规划过程中，需要进行网络拓扑规划、设备安装与线缆连接、数据配置等三个阶段的工作。

图 5-8　讯方 5G 仿真软件登录成功后的界面

(1) 网络拓扑规划。在网络拓扑规划界面的右侧可以看到资源池，如图 5-9 所示。其中有各类能被配置的可选设备网元类型，包含了 5G 无线 gNB、4G 无线 eNB、4G 核心 MME、4G 核心 S-GW、4G 核心 P-GW、4G 核心 HSS、分组承载 PTN 和波分传输 OTN、分组承载 RT 这几类关键设备。

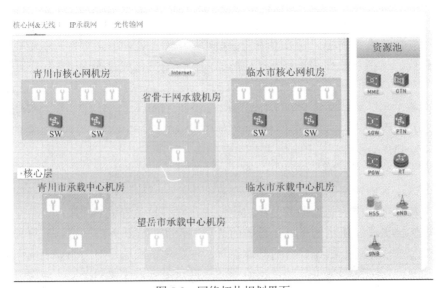

图 5-9　网络拓扑规划界面

网络拓扑规划包括网络结构的建立、参数规划、容量规划三个步骤。

① 网络结构的建立。在网络拓扑规划界面的左侧可以看到一个网络结构图的底图，如图 5-10 所示。其中有青川、临水和望岳三个不同规模的城市，共有 17 个机房分布于网络的接入层、汇聚层和核心层，每个城市可以独立组成网络，也可以多城市联合组成大网，承载网可以设计成环形、链形和星形，可以独立组成 4G 网络，也可以独立组成 NSA 模式的 5G 网络。

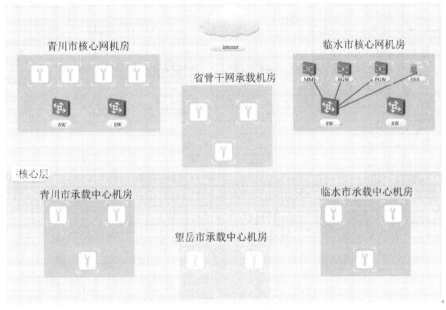

图 5-10　网络结构底图

当规划一个网络时要先建立总体结构，从图 5-9 所示界面的右侧资源池选择所需网元拖拽到其左侧网络图的机房中，再将网元连接起来。

② 网络参数的规划设置。在搭建好的网络拓扑图中，双击任意网元，可以进入参数设置界面。参数设置界面包括三类：一类是 IP 地址设置类，可通过它进入分组承载设备界面，该界面中列出核心设备，根据这些设备对外的拓扑连接规划对应接口的 IP 地址；另一类是无线信息设置类，该界面中列出无线设备，并可规划设备的制式、地址等；还有一类是波分规划类，该界面中列出波分传输设备，可以规划波道频率等参数。

③ 容量规划。进入容量规划视图中首先能看到的是模板选择界面，如图 5-11 所示。其中有五个城市模板，分别对应着不同的城市规模，单击模板图标后可以看到该模板的主要规格，单击界面右上角的其他 step*n* 后可进入下一步配置界面。

每个城市模板中都有三种网络的规划和计算内容，包括无线接入网、核心网、IP 承载网，在界面的左上部可以切换网络，因为网络间参数可以有关联关系，所以一般按照接入网、核心网、承载网的顺序依次计算其容量、无线接入网侧的规划和计算应从覆盖和容量两个维度进行，以估算基站的数量；核心网侧进行设备处理能力的估算；IP 承载网侧进行所需设备数量的估算。

在选择完城市模板后，进入无线接入网的容量规划界面，左边是可参考的规划参数表，右边是计算内容，根据合适的网络规划参数表填写计算内容，得到准确的计算结果。接入网侧的估算步骤包括以下三个阶段：

图 5-11 模板选择界面

① 首先根据业务模型计算出每种业务的忙时吞吐量，再计算单用户的总流量需求，最后根据话务模型估算出规划区域的总吞吐量需求，再结合单站吞吐量计算出容量维度需要的基站数量，如图 5-12 所示。

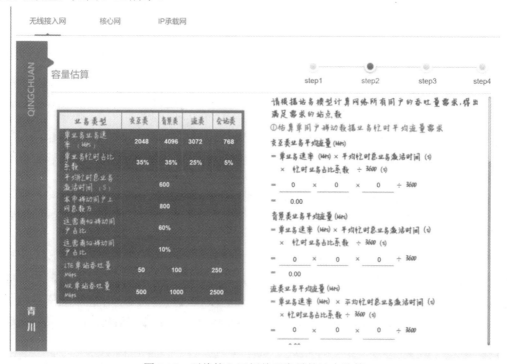

图 5-12 无线接入网侧基于容量的站点估算

② 根据覆盖规划获取小区覆盖半径，依据覆盖场景选择合适的站型进而确定覆盖面积，再结合规划区域总面积得到满足覆盖需求的站点数量，估算过程如图 5-13 所示。

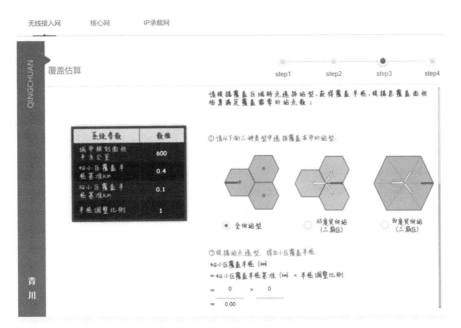

图 5-13　无线接入网侧基于覆盖的站点估算

③ 网络规划需要同时满足覆盖和容量的需求，根据前两步的计算结果，取其大者作为站点估算的最终结果，如图 5-14 所示。

图 5-14　无线接入网侧站点估算最终结果

(2) 设备安装与线缆连接。网络拓扑规划完成后要进行设备安装与线缆连接，分为设备配置、设备安装与线缆连接三个过程。

① 设备配置。进入设备配置视图中首先可以看到的是一个被划分为三块城市区域的网络地图，每个城市区域中都有一些浮动图标，这些浮动图标的样式各不相同，它们与网络拓扑规划图中的机房数量和类型是一一对应的，分别代表了无线接入机房、汇聚机房、核心机房、骨干机房等共 17 种不同的机房，网络地图如图 5-15 所示。

图 5-15　网络地图

　　网络地图中每个图标都可以点击进入，进入后即可看到机房的内部情况，如图 5-16 所示。在机房中能够进行设备选型和安装连线，机房层次不同，能安装的设备也不同。机房视图中包括通信机房的常规设施展示，左上角的引导菜单可以方便地切换想要操作的机房，右上角的最大化图标可打开机房内部拓扑结构图，主要是机房内部设备的组网展示。

图 5-16　机房的常规设施展示图

　　核心机房、中心机房、骨干机房和汇聚机房，这四种机房都只有一个机房室内视图，无线基站机房设备较多，被分成室外和室内两个视图，分别用于机房内部的设备安装和机房外部的设备安装。图 5-17 呈现的是无线机房室外视图，可在此视图中进行天馈的安装。

ANT—Antenna(天线)；ODF—Opitical Distribution Frame(光纤配置架)。

图 5-17　无线机房室外视图

② 设备安装。机房中会有多列机柜，有些机柜上方有黄色的指示箭头在浮动，说明这些机柜是可安装的，当鼠标移动到有黄色指示箭头的机柜时，该机柜就会高亮显示，此时点击机柜即可进入机柜设备安装视图，如图 5-18 所示。

图 5-18　机柜设备安装视图

在机柜设备安装图的右下角会出现设备选型框，其中包括了打开的机柜中可安装的设备类型，除了网络层次不同的机房会出现不同类型的设备外，同类型的设备也会有大、中、小型号的区别，使用者可以根据之前规划所需的设备类型、设备端口数和处理能力进行设备的选型与安装。

安装方法是将鼠标移动到想要的设备选型框上方，这时会出现型号提示，单击要选用的设备，左边机柜就会出现可安装位置的高亮提示，然后鼠标移动到安装目标位置，再单击鼠标左键，即可完成设备选型与安装。

如果想要删除设备，则将鼠标移动到机柜中想要删除设备图片的上方，按下鼠标左键，此时可以拖动设备到该机柜门的位置，然后松开鼠标左键，此时出现删除设备的提示，此时点击确定，即可从机柜中删除该设备，如图 5-19 所示。

图 5-19　删除设备视图

在基站室外环境的视图中移动鼠标，在出现黄色浮动箭头的位置上可进行相关设备的安装操作；在无线基站的机房中可以同时安装 4G 的 LTE 基站和 5G 的 NR 基站。

③ 线缆连接。设备安装完成后，要实现正常的通信还需要通过线缆将各设备连接到一起，不同的设备选用不同的线缆进行连接，所有的设备都有相应的连接规则和通信要求。

线缆分为机房内部线缆和机房间线缆，机房内部线缆用于机房内部设备之间的连接；机房外部线缆用于机房内设备和机房的 ODF(Optical Distribution Frame，光纤配线架)设备端口之间的连接，ODF 可被视作各机房之间的关联点，而所有机房之间已经有默认的连接关系，且可通过 ODF 上的端口标识进行识别，通过读取 ODF 上的端口标识可厘清机房之间的关系，并通过线缆将各个机房连接起来从而实现机房之间的正常通信。

要进行线缆连接首先应打开设备、进入机房、打开机柜、单击设备，这时会出现设备的放大清晰图，如图 5-20 所示。图中较清晰地显示了设备的单板和具备的端口，同时在设备连线图的右下角出现线缆池，根据要用的不同的接口可以自行选择不同类型的线缆。

将鼠标移动到想要连接的端口上方，出现端口的标签提示框，标签中只有本端端口的说明，而无对端端口的相关内容，单击鼠标，完成本端连接；接下来再单击机房导航菜单的上一层回到机柜视图，单击想要连接的设备或者直接在机房拓扑图中单击想要连接的其他设备，就会出现另一台设备的连接视图，单击想要连接的目标端口，完成设备间连接。

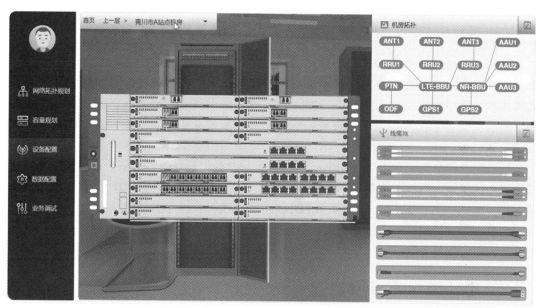

图 5-20　机房设备连接视图

设备连接完成后，机房拓扑图也会发生变化，两台设备间多了一根连线提示，此时将鼠标移动到连接两台设备的端口上，端口的提示标签会有连接双方的端口提示，表示连接成功，如图 5-21 所示。单击机房导航菜单的上一层回到机房内视图，单击 ODF 机柜，在弹出的 ODF 视图中单击 ODF 架或者直接在机房拓扑图中单击 ODF 设备图标，会出现 ODF 的连接视图，两台设备的本端端口和对端端口都是相互对应的，从 ODF 的连接视图中可以方便地读取线缆的连接关系，从而了解全部设备间的关系。

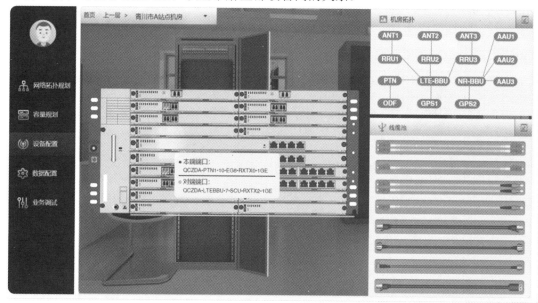

图 5-21　端口的提示标签

（3）数据配置。 数据配置和设备配置关联性很强，只有在设备配置过程中增加了的设备，在数据配置中才会出现并能被配置，同样地，只有在设备配置中做了设备连线的设备，数据配置对其所设置的参数才会生效，数据配置视图可分为四大块内容：机房导航栏、设备列表、配置树、配置内容。

机房导航栏和设备配置视图的机房导航类似，是为实现切换到不同的机房所进行的数据配置；其配置列表与设备配置中机房内的设备是一致的，通过机房导航切换到某个机房，该机房中如安装了某些设备，配置列表中就会出现这些设备的名称；单击配置列表中的设备名称会出现对应的配置树，不同设备显示的配置树也不同，配置树是设备的关键配置内容。

单击配置树中的配置项，会出现对应的配置内容，配置内容的填写方式有多种，包括填写具体参数、通过下拉菜单选择参数、勾选参数等。填写某些参数时参数间会出现联动，如当选择不同的基站制式 TDD 和 FDD 时，其后续出现的配置参数也是不同的。每个参数都会有相应的值域与合法性判断。有些参数可以增加多条记录，填写完成后单击"确定"按钮即可生效参数。

5.4.2 无线网络规模估算案例

本案例使用讯方 5G 仿真软件建立一个以 NSA 模式组网的无线网络，以该仿真软件中的临水市作为规划区域，利用其中提供的话务模型和相关数据对无线网络规模进行估算。

1. 无线网络拓扑

打开如图 5-22(a)所示的仿真软件，其采用 NSA 组网方式，无线侧同时包含 4G 基站与 5G 基站。针对不同的覆盖场景，该软件提供了 Model A(大型密集城区，移动用户达 1000 万以上)、Model B(大型普通城区，移动用户达 1000 万以上)、Model C(中型密集城区，移动用户达 500 万以上)、Model D(中型普通城区，移动用户达 500 万以上)与 Model E(小型稀疏城区，移动用户在 500 万以下)共五种可选方案，本案例选择 Model B 场景，Model B 具体参数如图 5-22(b)所示。

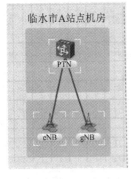

临水市A站点机房

PTN

eNB gNB

Model B

- 适用网络规模：大型普通城区，移动用户1000万以上
- 交互类业务忙时占比：30%
- 背景类业务忙时占比：30%
- 流类业务忙时占比：30%
- 会话类业务忙时占比：10%

- 平均忙时业务，激活时间：600s
- 运营商4G移动用户占比：65%
- 运营商5G移动用户占比：20%
- 4G小区覆盖半径基准：0.60 km
- 5G小区覆盖半径基准：0.20 km

(a) 无线网络拓扑 　　　　　　(b) 无线网络规模

图 5-22　无线网络拓扑及网络规模

2. 规模估算

通过该软件左侧的"容量规划"菜单项进入到无线接入网的规模估算模块，可以利用该模块的话务模型进行容量维度的规模估算，如果工程应用中有更准确的话务模型，则可用来替代默认模型，本案例使用的话务模型如表 5-14 所示。

表 5-14　话　务　模　型

业务类型	交互类	背景类	流类	会话类
单业务的业务速率/(kb/s)	2048	4096	3072	768
单业务忙时占比系数	30%	30%	30%	10%
平均忙时总业务激活时间/s	600			
本市移动用户上网总数/万	1500			
运营商 4G 移动用户占比	65%			
运营商 5G 移动用户占比	20%			
LTE 单站吞吐量/(Mb/s)		50	100	250
NR 单站吞吐量/(Mb/s)		500	1000	2500

该仿真软件提供了各项数据的运算模型，首先需要计算出每种业务的忙时平均流量需求，将话务模型中的单业务速率、平均忙时总业务激活时间、忙时业务占比等系数填入对应的业务忙时平均流量需求运算模型中，即可直接得出每种业务的忙时平均流量。本案例中共有交互类、背景类、数据流类和会话类四种类型的业务，每种业务的平均流量需求计算过程如图 5-23 所示。

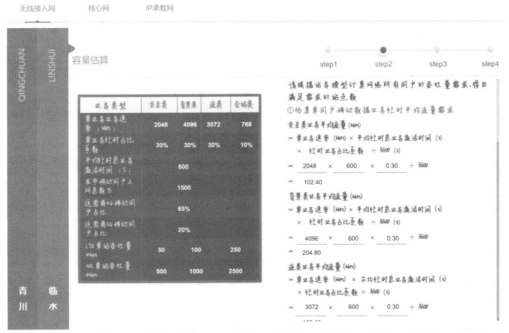

图 5-23　业务忙时的平均流量需求计算过程

每个用户的流量需求为它在各种业务忙时平均流量的总和，将此前的计算结果填入单用户忙时平均业务吞吐量的运算模型中，即可得到单用户的流量需求，本例中计算出的单用户的流量需求为 473.6 kb/s。计算出单用户的流量需求后结合话务模型中移动用户总数和不同运营商用户占比可分别得出规划区域的 4G 和 5G 用户的总流量需求。本例中根据各系统参数在运算模型中计算出 4G 和 5G 用户的总流量需求分别为 4 509 375 Mb/s 和 1 387 500 Mb/s。

容量维度的站点数量为总流量需求/单站平均流量。在实际应用中根据规划区域的无线环境、系统带宽、多天线模式、一定子帧配置、基站类型、基站天线数、基站总发射功率等条件，通过系统仿真得到该规划区域内的单站流量。本例中按照话务模型中提供的数据选择 LTE 单站流量为 250 Mb/s，NR 单站流量为 1000 Mb/s，如图 5-24 所示。以此可计算出满足容量需求的基站数量分别为 18 037 个和 1387 个。

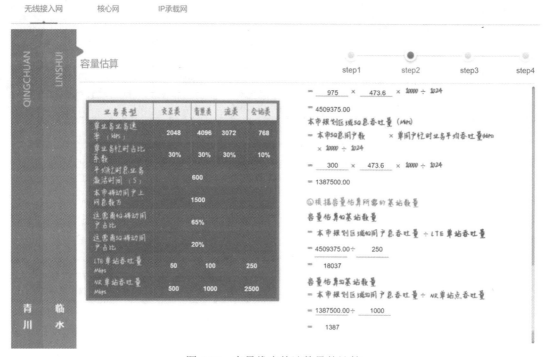

图 5-24 容量维度基站数量的计算

完成容量维度基站数量的计算后，再从覆盖维度计算基站数量，覆盖维度的系统参数如表 5-15 所示。其中 4G 小区的覆盖半径基准为 0.6 km，5G 小区的覆盖半径基准为 0.2 km。在实际应用中根据具体的覆盖规划可调整覆盖半径基准，表 5-15 中半径调整比例依据基站类型来确定。该仿真软件提供了全向站、65°定向站，90°定向站三种基站类型，根据覆盖场景本例选择 65°定向站，对应半径调整比例为 0.67。

表 5-15 覆盖维度的系统参数

系 统 参 数	数 值
城市规划面积/km²	600
4G 小区覆盖半径基准/km	0.6
5G 小区覆盖半径基准/km	0.2
半径调整比例	0.67

小区的覆盖半径和半径调整比例确定后，通过计算模型按照蜂窝网的小区结构可计算出单小区的覆盖面积，本案例中 4G、5G 小区覆盖面积分别为 0.40 km² 和 0.134 km²，如图 5-25 所示。

目前室外宏基站大多采用一基站三扇区的部署，也就是通常所说的三叶草的站型，通过计算可得出单基站的覆盖面积，再结合规划区域的总面积计算出覆盖维度的基站数量，计算结果如图 5-26 所示。本例中依据系统参数计算出满足覆盖需求的 4G 站点数为 769 个，5G 站点数为 2309 个。

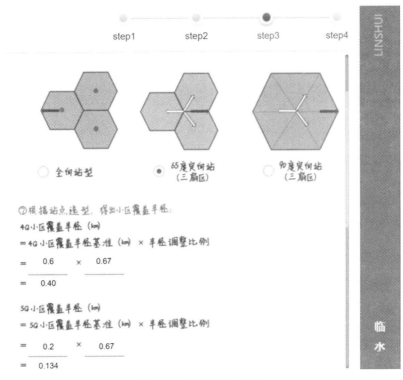

图 5-25 覆盖半径的计算

图 5-26 覆盖维度的站点估算

最后,综合考虑容量和覆盖的需求,当覆盖需求基站数量(N_{cov})>容量需求基站数量(N_{cap})时,定义为覆盖受限,此时以 N_{cov} 作为最终的基站数量估算结果。当覆盖需求基站数量(N_{cov})<容量需求基站数量(N_{cap})时,定义为容量受限,此时将 N_{cap} 作为最终估算结果。本例中 4G 站点为容量受限,5G 站点为覆盖受限,最终估算结果如图 5-27 所示。在本例中,满足规划目标的 4G 和 5G 站点数量分别为 18 037 个和 2307 个。

图 5-27　规划区域的站点估算

5.4.3　NSA 组网规划案例

本案例使用讯方 5G 仿真软件建立一个以 NSA 模式组网的无线网络,具体内容包括无线网设备的安装和数据配置,并进行业务验证。

1. 网络拓扑

依据软件操作流程,选择网元并进行网元连线,得到如图 5-28 所示的网络拓扑。

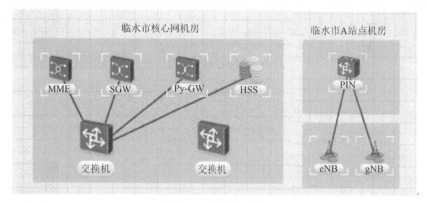

图 5-28　网络拓扑

2. 无线网设备安装

网络采用 NSA 组网,应分别完成 4G 和 5G 的室内主设备 BBU、室外天馈部分和 GPS 部分,以及 PTN 和 ODF 的组网连接。LTE 室外采用 RRU 设备,与 BBU 通过光纤连接。5G 室外采用 AAU 设备,AAU 是基于 AAS(Active Antenna System,有源天线系统)技术,并集成了射频和天线系统,可简化天面,能有效提升覆盖和容量。

　　单击仿真软件左侧导航栏中的"设备配置"菜单项,选择临水市站点,进入室外设备安装页面,如图 5-29 所示。在室外的铁塔上依次完成 4G 和 5G 室外天馈的安装,本例中将 4G 的三个 RRU 安装在铁塔的第一层,将 5G 的三个 AAU 安装在铁塔的第二层,图 5-30 为 AAU 的安装页面。在室内机房完成 LTE 和 NR 的 BBU 的安装,上层机柜为 LTE 的 BBU,下层机柜为 NR 的 BBU,如图 5-31 所示。

图 5-29　室外设备安装页面

图 5-30　AAU 安装页面

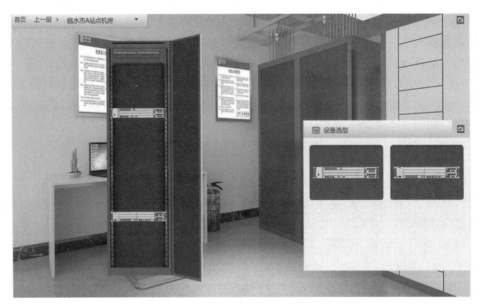

图 5-31　站点室内设备安装页面

设备安装完成后依据操作流程完成设备的连线,包括 BBU 与 RRU、AAU 之间的连线,GPS 设备与 BBU 的连接。基站数据通过 PTN 传递到其他机房,从机房出局需要从 ODF 进行跳纤出局,除了要完成 PTN 与 BBU 的连接还要完成 PTN 到 ODF 连接。本例中均使用 LC-LC(Lucent Connector,朗讯连接器)光纤连接,连接过程中需注意链路两侧必须速率匹配,其中 AAU 选择 10GE 光口,RRU 选择 1GE 光口。设备安装完成以及连线连接成功后可通过机房拓扑图查看设备连接情况,本例中设备连接情况如图 5-32 所示。

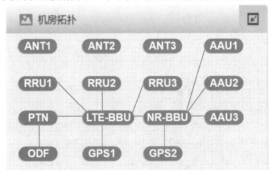

图 5-32　机房拓扑页面

3. 无线数据配置

本案例按照规划配置三个 LTE 小区和三个 NR 小区,小区规划参数如表 5-16 所示。其中 MCC 和 MNC 参数属于基站全局参数,无线数据应在基站全局配置完成后才能正常进行配置。基站全局配置主要包含基站网元属性、运营商信息、跟踪区码等,该仿真软件中全局参数的配置主要包括以下几个:

(1) gNodeB/eNodeB 标识。无线网络中的 gNodeB/eNodeB 编号是全局唯一的。LTE 和 NR 均有 TDD 和 FDD 两种无线制式,移动为 TDD 制式,联通和电信为 FDD 制式,本案例中配置的是 TDD 基站。

(2) 移动国家码(MCC)。MCC 是移动用户所属国家的代号，占三位数字，中国的 MCC 规定为 460。

(3) 移动网号(MNC)。MNC 是移动网的号码，由两位或者三位数字组成，中国移动的移动网号(MNC)为 00，用于识别移动用户所归属的移动通信网。本案例中 gNodeB 规划为 50，eNodeB 规划为 10。

表 5-16　小区规划参数

制式	MCC	MNC	Cell ID	TAC	PCI	带宽/M	频带	上/下行载频/GHz
TDD	460	10	1	0000	1	20	3	1.9
TDD	460	10	2	0000	2	20	3	1.9
TDD	460	10	3	0000	3	20	3	1.9
TDD	460	50	4	1111	4	60	41	4.4
TDD	460	50	5	1111	5	60	41	4.4
TDD	460	50	6	1111	6	60	41	4.4

单击仿真软件左侧导航栏中的"数据配置"菜单项，选择"临水市无线网"，进入数据配置页面，分别完成 NR 和 LTE 的基站全局数据配置，其中 NR-BBU 数据配置如图 5-33 所示。完成 NR-BBU 的数据配置后，从左边的导航栏可以依次选择其他设备，进行相应的数据配置。

图 5-33　NR-BBU 参数配置页面

在基站全局数据配置完成后进行无线数据配置，无线数据配置主要配置基站无线侧运行的相关参数，包括小区 ID、PCI、RRU 频段、小区频点、邻接小区、发射功率等。

从页面左侧的配置列表"无线参数"和"5G 无线参数"菜单项分别进入 4G 和 5G 小区参数配置页面，通过新增小区完成三个 4G TDD 小区与三个 5G TDD 小区的参数配置。其中小区 ID、跟踪区码、PCI 等按照表 5-16 的参数规划进行填写，其他参数根据实际需求或常见标准来填写。4G 与 5G 小区配置参数因为网络类型不同参数数量类型也不一致，图 5-34 为 4G 小区参数配置页面，图 5-35 为 5G 小区参数配置页面。

图 5-34　4G 小区参数配置页面

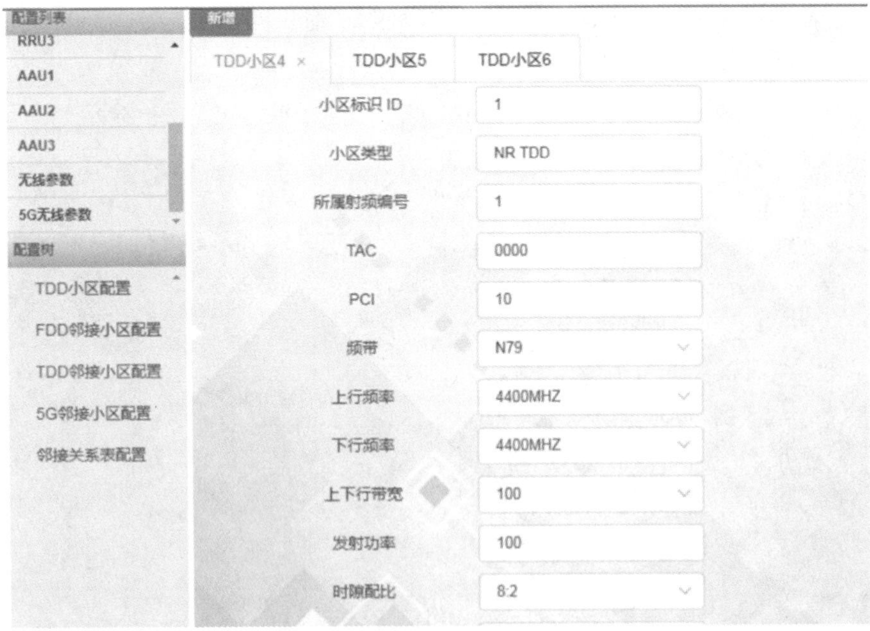

图 5-35　5G 小区参数配置页面

4. 业务测试

至此，已完成临水市站点机房侧所有设备连接和数据配置，在业务调试页面可看到刚添加的 LTE 和 5G 基站设备，如图 5-36 所示。如果未进行数据配置，则会出现告警信息，相应设备会以红色显示。

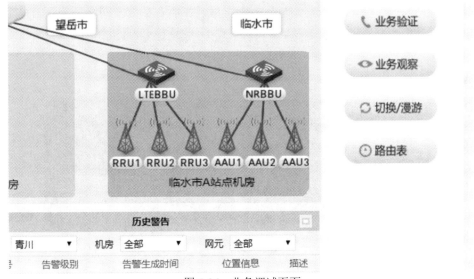

图 5-36　业务调试页面

若要进行其他业务的验证及观察,则需要完成核心网设备的建立、连接以及数据配置,在无线侧基站配置完无线参数后,还需进行与核心网对接的传输数据的配置,主要包括与MME 对接的信令面的传输数据以及与 S-GW 对接的用户面传输数据的配置。表 5-17 为可参考的核心网与无线网网元的规划 IP。

表 5-17　核心网与无线网网元的规划 IP

网元与接口		规划 IP
核心网	HSS,物理接口	10.1.1.2/24
	HSS,S6a	20.10.10.6
	MME,物理接口	10.1.1.1/24
	MME,S11	10.10.10.11
	MME,S6a	10.10.10.6
	MME,S1-C	10.10.10.1
	S-GW,物理接口	10.1.1.3/24
	S-GW,S11	30.10.10.11
	S-GW,S1-U	30.10.10.1
	S-GW,S5/S8	30.10.10.5
	P-GW,物理接口	10.1.1.4/24
	P-GW,S5/S8	40.10.10.5
接入网	SW	10.1.1.10/24
	eNodeB,S1	100.1.1.10
	eNodeB,X2	100.1.1.10
	gNodeB,S1-U	100.1.1.11
	gNodeB,X2	100.1.1.11
	PTN	100.1.1.100/24

完成无线网与核心网的设备安装与数据配置后，在所有参数及网络拓扑正常情况下，就可在业务调试中进行验证测试了。选择实验模式，以验证核心网和无线网是否配置正常。点击"业务验证"按钮，如图 5-37 所示。

图 5-37　业务验证页面

在图 5-38 所示的手机配置页面中，设置手机的相关参数，包括 MCC、MNC、IMSI、APN(Access Point Name，接入点名称)等 UE 配置参数。

图 5-38　手机配置页面

选择需要验证的站点,如 5G 的一个小区 L4,再点击手机上的"网速测试"APP 图标,可进行网络测试。如手机参数配置正常，核心网与基站数据匹配，则手机上会显示上传下载的网络速度；如配置异常，则手机上不会有网络速度显示，而会提示"网络连接异常"。

　　此时，我们可以通过业务观察进行故障查询，根据所查故障内容对前期配置可能出错的参数进行修正，直至测试正常。

　　根据核心网中的配置数据，拨打本机号码 186****5670 则会显示"您拨打的电话正在通话中"，如图 5-39 所示。

图 5-39　拨打本机号码出现的页面

　　根据核心网中的配置数据，拨打另一个用户的手机号码 186****5671，则会显示"手机回听铃音"。根据核心网中的配置数据，拨打一个不存在的手机号码，如 186****5672，则会显示"您所拨打的号码是空号"。

习　　题

思考题

1. 无线网络规划的规划流程包含哪几个阶段？

2. 在 5G 无线网络规划中，天线方位角的设置应遵循哪些原则？

3. 在 5G 无线网络规划中，天线下倾角的设置应遵循哪些原则？

4. 5G 中 PCI 的规划与 4G 的有什么区别？

5. 请简述在上下行链路预算中，高频相对于低频需要额外考虑哪些损耗。

6. 在讯方 5G 仿真软件中网络拓扑规划包含哪几个步骤？

第6章 5G 无线网络优化

6.1 无线网络优化的内容

移动通信网络是一个不断变化的网络，网络结构、无线环境、用户分布和使用行为都是不断变化的，因此需要持续不断地对网络进行优化调整以适应各种变化。5G 无线网络优化是指通过硬件排障、天线方位角/下倾角调整、网内/网外干扰排查、参数调整等技术手段改善网络覆盖和通信质量，提高资源使用效率。

6.1.1 网络优化定义

网络优化是网络运维过程中的一个重要内容，是指根据网络的实际表现和实际性能，对网络中出现的问题进行分析，并对网络资源和系统参数进行调整，使网络性能得到改善。

当网络建设完成之后，随着业务的不断发展和用户数的不断增加，网络的性能和用户的体验不可避免地会受到影响。因此，在日常运维过程中，网络优化作为一个重要的手段，用以保证网络质量最优、用户体验最佳。

如图 6-1 所示，根据优化调整对象的不同进行优化分类，可以分为工程设计参数(简称工参)优化和无线资源参数优化。根据优化周期的不同进行优化分类，可以分为工程优化与运维优化。工程优化主要是指通过路测，结合天线调整，邻区、频率和基本参数优化达到规划要求的网络指标的过程；运维优化主要是指通过对话统数据和用户投诉数据进行分析，并结合路测对网络进行优化。该阶段优化的重点主要是针对性能最差的小区进行的，是对局部区域的优化。根据优化调整对象的不同，可以针对不同的工程设计参数进行优化，如天线挂高、天线方向角、天线下倾角，天线波瓣宽度等；还可以对无线资源参数进行优化，覆盖功率类参数、移动管理类参数、负荷控制类参数等。无论在工程优化还是运维优化阶段，都可能对工参和无线资源参数进行调整。

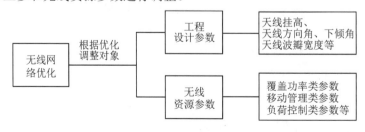

(a) 根据优化调整对象分类

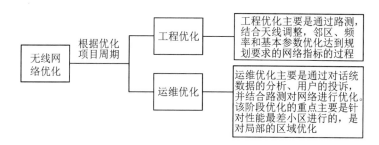

(b) 根据优化项目周期分类

图 6-1　网络优化分类

根据优化内容的不同，还可以将优化分为基础性能优化和专项性能优化两大类。基础性能的优化主要关注网络的覆盖、干扰、邻区漏配等最基础的性能问题，即 RF 优化。当 RF 信号的指标达到要求之后，还需要保证用户在使用网络时体验是最优的，因此需要针对不同的问题进行专项优化，如随机接入、切换、速率、时延等。

6.1.2　网络优化目标

在网络优化过程中，一般需要采集以下数据：

(1) 业务性能指标：反映特定时间内网络设备的性能指标，针对大面积的网络性能问题通常会优先采集该类数据进行分析。

(2) 设备配置参数：在实际网络中，很多性能问题都是由于网络设备配置参数不合理导致的，因此，在网络优化过程中需要收集设备的参数进行核查，排除是否由参数问题导致的性能下降。

(3) 用户数据跟踪：主要针对用户投诉类问题的跟踪与处理。前面提到的性能指标反映的是小区级的问题，如果只是个别用户的体验不好，这在小区指标里是体现不出来的。因此，针对特定用户的问题，常用的方法就是采集该用户的相关日志进行分析。当然，用户数据的采集需要部署相应的工具和平台。

网络优化的方法是通过对各种数据进行分析，找到影响网络质量的根因，再通过调整相关参数和 RF 值，实现以下目标：

(1) 网络性能最优；

(2) 使现有网络资源获得最佳效率；

(3) 对网络的维护及规划建设提出合理建议。

移动通信系统具有移动性、随机性和不可知性等特性，这些特性决定了网络优化本身是一个复杂的系统工程。从系统工程的角度进行衡量，无线网络优化只能提供一组满意解，而不是最优解，网络优化的意义在于维持网络处于较好的运行状态，保证用户体验良好。

6.1.3　网络优化的方法与工具

网络优化是一个系统化的工程，不能单纯以出现问题、解决问题的思路进行，需要用逐层优化、逐层排查的网络优化体系来做好网络优化工作，切实提升网络性能与用户体验。同时，网络优化需要多部门的工作人员全程参与，在多种优化工具的帮助下结合网络

KPI(Key Performance Indicator,关键性能指标)评估和路测 KPI 评估,经过优化人员的判断和推理,合理配置网络。图 6-2 呈现了常见的网络优化方法与优化工具。

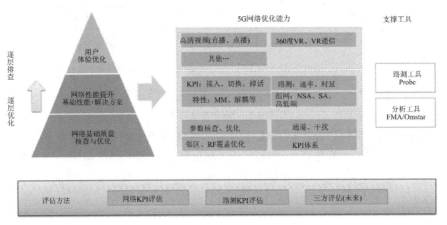

图 6-2　网络优化方法与工具

目前关于 5G 无线网络的优化已经存在比较完善的工具,如 Probe、FMA、Omstar 等。它们一般都具有仿真功能,能够利用基站数据、路测、性能统计、数字地图等多种数据源固化、优化经验,对无线场景进行分析并优化系统参数。

 # 6.2　无线网络优化的步骤

6.2.1　网络优化准备

在进行网络优化前需做好网络优化的准备工作,包括:了解网络运维状况、网络存在的问题及市场上竞争对手的信息,以确认网络优化的目标;准备网络优化测试设备和网络优化软件,合理安排优化人员的分工,设置优化目标、期限等。如果网络正处在建设之中,则还需要检查网络规划的具体实施情况、前期规划是否存在不当之处、实际工程与规划文档是否一致、天馈线是否已安装到位、网络中每个网元的软硬件是否安装和配置正确等。收集网络的设计目标以及反映网络总体运行的系统数据,迅速定位需要优化的对象,为下一步更具体地进行数据采集、深入分析和问题定位做好准备。

6.2.2　网络优化数据采集与分析

网络优化通常要借助 DT(Drive Test,路测)或 CQT(Call Quality Test,呼叫质量测试)来进行,而测试也需要借助工具和软件来记录某点或某区域的信号情况。测试时将常规的测试系统 UE 作为接收端、基站作为发射端,进行室内测试时,不需要 GPS。

无线网络路测 DT 是对试验站点、现网运行站点和网络进行的测试,如图 6-3 所示。DT 主要沿着设定的路线通过测试手机、仪器对网络的主要性能指标进行测试,获取用于进行网络性能分析的数据,从而达到预定的测试目的。路测同时采集 GPS 信号,能够确切地定位经纬度，因此可以准确地找到网络中存在问题的地点，得到第一手的原始测试数据，这是用信令仪表、后台统计数据所不能做到的。

图 6-3 所示的是 DT/CQT 的测试流程，CQT 是在固定地点进行定点测试，是了解局部区域网络质量的最好办法。在放置室内分布系统或直放站的地点测试，了解通话质量；在室内/室外网络覆盖的边缘地带进行测试并观察网络参数，分析是否有合适的小区来覆盖测试点；在还未安装室内分布系统的地点进行测试以便了解实际情况，为是否扩容提供真实可靠的依据。

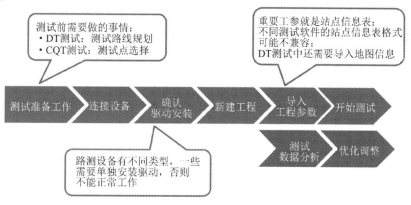

图 6-3　DT/CQT 测试流程

DT/CQT 采集内容包括下行信号电平、下行信号质量、小区切换、小区重选、呼叫过程等，并记录相关的空口信令。测试数据为问题定位提供数据，但并不是唯一、充分的数据来源。

如图 6-4 所示，除了通过 DT/CQT 数据采集得到所需数据外，优化人员还可以结合信令数据、OMC(Operation and Maintenance Center，操作维护中心)数据、告警数据和用户投诉数据进行联合分析，找出网络症结所在，给出网络优化方案，并预测网络变化趋势，及早做好预警。

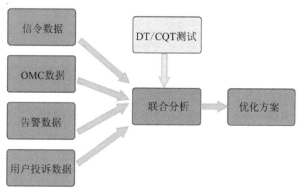

图 6-4　无线网络的优化数据采集

6.2.3　网络优化方案制订与实施

全网无线网络优化需要经过单站优化、分簇优化和全网优化三个阶段来完成。单站优化需要确保其覆盖范围跟设计要求保持一致，且基站工作正常、业务可用和性能稳定。簇群优化是在单站优化完成的基础上进行的，主要是对相邻基站间可能存在的问题进行调整优化。簇群优化是以小区簇为单位进行的，小区簇是指由网络内覆盖连续、质量相关的若干个基站组成的地理区域，通常包含 10～15 个站点。小区簇的大小随城市不同而不同，主要与地理分隔、基站密度、用户分布、测试队伍数量、设备资源、数据后处理和分析工具数量等因素有关。

全网优化是在簇群优化完成的基础上进行的，主要任务在于实现全网最佳的系统覆盖、最佳的导频分布、均匀合理的基站负荷和合理的切换等。其优化的内容涉及扇区的发射功率、工程参数、邻区列表、导频优先次序、邻区搜索窗大小和切换门限值等。全网优化需要对切换控制策略、功率控制、接入控制策略、负载控制策略和资源调度策略等进行调整优化。

在对信令、OMC、告警、用户投诉等数据和 DT、CQT 数据进行分析的基础上，结合现网的运行和工程情况制订出适宜的网络优化方案。网络优化方案应本着先全局后局部的原则，为避免每次网络优化方案影响上一次实施的效果，应按照以下次序来逐步解决网络中存在的问题：

(1) 整网硬件排障。

(2) 天馈调整，解决覆盖。

(3) 频率、码字优化。

(4) 邻区优化。

(5) 系统参数优化。

优化方案确定后可向运营商提交网络测试分析的结果、网络优化方案制订的依据及理由，讨论网络优化方案的可行性。经运营商认可后，网管工程师即可执行网络参数的调整，测试工程师组织相关人员对天馈线进行调整，运营商协助网优工程师完成网络调整。

 # 6.3 5G 无线网络优化 KPI 指标

6.3.1 5G KPI 架构

为了有效地评估 5G 无线网络，特别是无线接入网侧的性能，5G 定义了一系列的关键性能指标(KPI)。KPI 是网络整体性能监控和评估的重要手段，是对网络质量的最直观反映。如图 6-5 所示，5G 的 KPI 主要包括服务完整性、利用率、可用性、业务类、接入类、保持类、移动性等性能指标。

通过对 KPI 指标的监测，可以迅速发现网络存在的问题，完成风险提前预警、故障小区原因定位等功能。

网络性能指标非常多，在进行性能优化时需要优先保证以下三类性能能够达标：

(1) 接通性能：指终端接入网络的能力，这是无线通信系统中最重要的指标，如果用户连信令面的接入都无法成功，那么终端将无法进行任何业务。

(2) 移动性能：在移动网络中，业务的连续性也是需要重点关注的目标，良好的移动性是保障用户业务体验良好的重要因素之一。

(3) 速率性能：当前 5G 网络主要还是针对个人用户的 eMBB 业务，对于 eMBB 业务，网络的吞吐率和用户速率是影响业务体验的最关键因素。

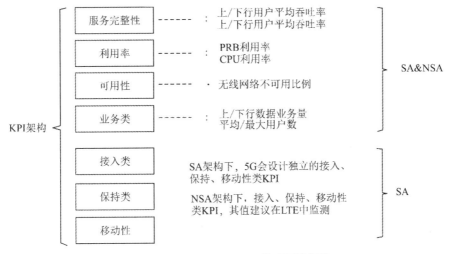

PRB—Physical Resource Block(物理层资源块)。

图 6-5　5G KPI 架构

6.3.2　4G 与 5G 网优差异性分析

5G 采用了新空中接口 NR，与 LTE 相比，NR 支持更高的频谱范围，支持更加灵活的帧结构，二者在网络架构、关键技术等方面都存在着差异，因此 NR 在进行网络优化时不能直接照搬 LTE 的优化经验。5G 在部署初期主要聚焦 eMBB 场景，针对 eMBB 业务，LTE与 NR 优化的差异总结如表 6-1 所示。5G 无线侧网络优化相比 4G 在各方面都增加了复杂度，从 5G 新特点来看，　MM(Massive MIMO)波束组合更多，且能自动优化，NSA 组网模式下的辅载波切换都有利于性能优化。

表 6-1　LTE 与 NR 网络优化差异

基础参数与性能	LTE 优化内容	NR 优化内容	关键差异影响说明
覆盖	(1)小区 CRS 的 RSRP、SINR； (2) 广播与控制信道宽波束	(1) 小区 SSB 的 RSRP、SINR； (2) 用户 CSI-RS 的 RSRP、SINR； (3) 广播与控制信道窄波束	(1) 广播信道数字下倾角、窄波束可通过波束覆盖方案的调整进行覆盖优化,减少上站次数； (2) SSB 和 CSI-RS 波束存在差异,二者并不完全成正比关系,需要协同优化
通道与干扰	FDD：邻区干扰、直放站干扰； TDD：大气波导干扰、环回干扰	谐波干扰、交调干扰、环回干扰	5G 带宽更大、符号更短,使 5G 干扰问题更多,要求分析效率更高

续表

基础参数与性能	LTE 优化内容	NR 优化内容	关键差异影响说明
传输	传输带宽阈值：1 Gb/s；丢包率：0^{-6}；RTT：10 ms	传输带宽阈值：1 Gb/s；丢包率：$0\sim10^{-6}$；RTT：5 ms	5G 对传输 QoS 要求更高，更容易出现问题，如丢包、乱序等影响较为严重的问题
路测相关参数	MCS：$0\sim28$；信道的秩：$1\sim4$；调度：$0\sim1000$ 次/s	MCS：$0\sim28$；信道的秩：$1\sim8$；调度：$0\sim1600$ 次/s	(1) 5G 信道的秩受复杂信道条件的影响更大；(2) NSA 场景受 LTE 切换的影响更加严重
MM 特性	覆盖：广播、控制信道宽波束；体验、容量：数据信道窄波束	覆盖：广播、控制信道窄波束；体验、容量：数据信道窄波束	5G MM 相较于 4G MM 波束，其组合更多，场景更加复杂
上、下行解耦特性	无	增益场景分析+门限优化	(1) NR 和 LTE 的方向角差异需要控制在 10° 以内；(2) LTE 需要被改造为与 NR 时钟同步

6.4 5G 无线网络优化案例分析

6.4.1 覆盖问题案例分析

由于各种原因与参数规划的不当，5G 网络中涉及的覆盖问题主要表现为以下几点：

(1) 弱覆盖：指网络中出现了连续的覆盖空洞区域，影响用户的接入。对于弱覆盖的定义，不同运营商的指标要求可能不一样，针对 5G 空中接口，典型的弱覆盖定义是指参考信号 SSB 或 CSI-RS 的电平低于-110 dBm。

(2) 越区覆盖：指网络中某个小区的覆盖范围远远超过了规划的覆盖范围，跨越了两个或多个小区范围。越区覆盖对网络的主要影响是该越区小区会对直接邻区和非直接邻区都形成干扰。

(3) 重叠覆盖：指网络中有两个或多个同频小区重叠覆盖的区域过大，这会给网络造成系统内干扰。重叠覆盖问题对于用户来说可能不会影响接入的连通性，但对用户业务体验的影响会比较大。

当前 5G 网络一般只采用 SSB 的 RSRP 和 SINR 作为覆盖评估的主要指标，如表 6-2 所示。

1. 常见覆盖问题的优化方法

覆盖是网络提供服务的基本条件，也是一切其他优化措施的基础。针对以上覆盖问题，常见的优化方法如下：

表 6-2　覆盖评估指标

覆盖评估指标	反映的网络质量问题	评估指标
SSB_RSRP	代表了实际信号可以达到的程度，是网络覆盖的基础。该指标主要与站点密度、站点拓扑、站点挂高、频段、EIRP 和天线倾角/方位角相关	平均 RSRP：通过测试工具(如 Probe)统计地理化平均后的服务小区或者小区 RSRP 平均值
		边缘 RSRP：通过测试工具统计地理化平均后的服务小区或者小区 RSRP CDF 图中 5%点的值
SSB_SINR	从覆盖上能够直接反映出网络 RF 质量的指标。SSB-SINR 越高，说明网络质量越好，用户体验也可能越好	实测平均 SINR：通过测试工具统计地理化平均后的服务小区或者小区均衡前 RS SINR 平均值
		实测边缘 SINR：通过测试工具统计地理化平均后的服务小区或者小区均衡前 RS SINR CDF 图中 5%点的值

(1) 弱覆盖的优化。弱覆盖的产生原因主要是由建筑物等障碍物的遮挡或者不合理的规划引起的。具体优化方法如下：

① 确定目标主服务小区。首先，通过分析该区域内检测到的 PCI 与工程参数表中 PCI 的匹配情况，确保没有天线接反；然后根据网络拓扑和方位角等参数确定目标主服务小区。

② 基于现有工程参数表来增强目标主服务小区的信号强度。如果弱覆盖区域离站点位置较远，则可以增大发射功率或减小下倾角；如果小区明显不在天线主瓣方向上，则可以调整天线方位角；如果距离站点较近的区域出现弱覆盖，而远处的信号强度较强，则可以增大下倾角。

③ 如果弱覆盖或者覆盖漏洞的区域较大，则可以通过新增基站或者改变天线高度来解决该问题。

④ 对于电梯井、隧道、地下车库或地下室、高大建筑物内部的信号盲区，可以通过增加室内分布系统、泄漏电缆、定向天线等加以解决。

⑤ 还需要关注分析场景和地形对覆盖的影响。如弱覆盖区域周围是否有严重的山体或建筑物阻挡，弱覆盖区域是否需要特殊覆盖解决方案等。

(2) 越区覆盖的优化。越区覆盖一般是由天馈因素和环境因素引起的，如天线(或 AAU)挂高太高、方位角/下倾角设置不合理或者基站发射功率太大等都可能会引起越区覆盖，"波导效应"和大片水域反射也可能导致越区覆盖问题。具体优化方法如下：

① 如果站高明显过高，则可以降低天线高度。

② 适当调整方位角，避免扇区天线的主瓣方向正对着道路传播，使天线主瓣方向与道路方向形成斜交。

③ 如果方位角基本合理，则可调整下倾角。下倾角的调整包括电子下倾角的调整和机械下倾角的调整两种，优先调整电子下倾角，其次再调整机械下倾角。

④ 在不影响小区业务性能的前提下，降低小区发射功率。

⑤ 以上措施若不奏效，可根据实际测试情况，配置邻区关系，保证切换正常，保持业务连续。

(3) 重叠覆盖的优化。重叠覆盖产生的原因主要有城区内站点分布比较密集、信号覆盖较强、基站各个天线的方位角和下倾角设置不合理等。具体优化方法如下：

① 识别问题区域多个覆盖小区的主从关系，确定主服务小区。

② 通过调整波束、下倾、方位角、功率等手段加强主服务小区的覆盖。

③ 通过类似手段减小非主服务小区在问题路段的覆盖，降低干扰。

2. 覆盖优化案例

5G改进了4G基于宽波束的广播机制，采用窄波束轮询扫描覆盖整个小区，支持场景化波束和波束下倾，可以灵活地进行RF调整。

【案例描述】某运营商在部署NR初期有多处乒乓切换和越区覆盖的问题，经过路测采集的数据如图6-6所示。

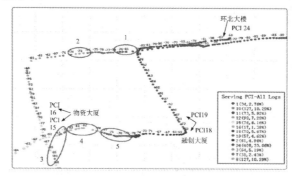

图6-6　覆盖案例信号强度示意图

【分析过程】图中覆盖共出现了五个问题点。查询基站数据文件发现问题区域小区广播波束均为默认配置，即水平105°垂直6°。结合现场覆盖场景分析，发现部分站点广播波束不适合采用默认场景，可能造成过覆盖。

【解决过程】可以通过调整广播波束配置来降低信号功率，针对覆盖问题点，优化调整方案为：位置3，对于十字路口覆盖，场景化波束建议配置为水平面宽的默认场景(水平105°垂直6°)，通过调整波束数字下倾，减小越区覆盖；位置4、5，采用场景SCENARIO_7(水平90°垂直12°)和SCENARIO_15(水平25°垂直25°)去除非必要的波束，减小重叠覆盖区。

将上述优化方案实施后，信号覆盖图如图6-7所示。其中，五处问题点减少为一处，优化效果明显。并且本案例通过5G场景化波束及波束下倾角的灵活配置，可减少上站次数，降低网络优化成本。

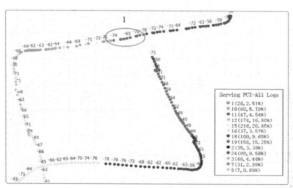

图6-7　优化后信号覆盖图

6.4.2　接入问题案例分析

5G 组网方式包括非独立组网 NSA 和独立组网 SA 两种，目前网络主要采用的是 NSA 方式，因此本节主要介绍 NSA 接入问题的案例分析。

1. 接入问题优化方法

在 NSA 组网模式下，UE 和网络的信令面还是在传统的 4G 侧，5G 侧仅提供用户面的连接。UE 在 4G 网络中完成注册和接入，这与 5G 网络没有任何关系，需要通过对 4G 侧的优化进行保障。eNodeB 通过和 gNodeB 相应的交互，给 UE 下发 5G 侧的配置，UE 在 5G 基站完成接入，接下来主要针对 gNodeB 添加失败的接入性问题进行分析，问题排查思路如表 6-3 所示。

表 6-3　5G 接入问题排查思路

分析动作	目　　的
设备故障、告警排查	如果基站设备存在内部告警，一般情况下所有的业务性能可能都会受到影响，因此需要排查该告警的影响，并消除告警
参数核查	核查基站配置参数，确认配置无误，包括基础配置和规划类参数
开户数据排查	排查核心网开户数据是否准确
用户信令分析	根据故障信令进行分析

根据接入流程的三个阶段，即 4G LTE 侧流程、接入准备阶段和 5G 空口阶段，得出可能造成 5G NSA 终端接入失败的主要原因如图 6-8 所示。

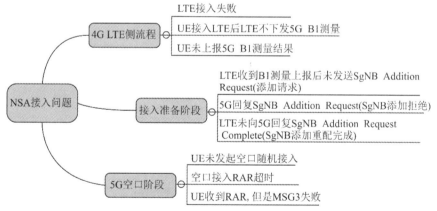

图 6-8　NSA 场景下接入问题的原因分析

在第一阶段 LTE 侧流程中，UE 接入 LTE 失败是由 4G 的接入故障导致的，可以参见有关 4G 网络优化中的相关内容，在此不做赘述。正常情况下，当 UE 接入 LTE 网络后，eNodeB 会立即下发 5G 的测量配置信息，UE 测量 5G 小区并进行上报。如果基站不下发相应的测量配置信息，可能的原因有以下几点：

(1) eNodeB 侧数据配置错误。这包括 NSA 功能开关、5G 小区的频点、邻区关系等数据配置。

(2) 终端不支持 5G NSA 的能力。这属于终端芯片的能力问题。UE 在 LTE 侧接入时会上报 "UE Capability Info" (UE 能力消息)，通过此消息，基站可以判断出该 UE 是否具有支持 5G NSA 的能力，具体判断的依据是在该消息终端需要携带 "EN-DC" 的指示，并且携带支持的 NR 频段信息。如果 UE 没有这个指示，或者 UE 支持的 NR 频点和 eNodeB 侧配置不一致，则 eNodeB 不会下发 5G 的相应测量配置参数。正常 NSA 终端上报的消息如图 6-9 所示。

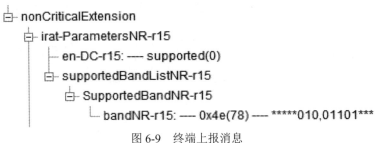

图 6-9 终端上报消息

(3) 核心网禁止用户接入 5G 网络。如果核心网没有打开 NSA 支持的开关或者用户的签约数据产生错误，那么在核心网给基站下发的 "Initial UE Context Setup" (UE 初始上下文建立)消息中就会携带禁止接入 NR 的指示，如图 6-10 所示。eNodeB 将不会下发 5G 的测量配置信息，应该联系核心网工程师进行相应的配置排查。

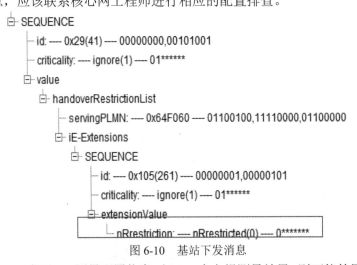

图 6-10 基站下发消息

若 eNodeB 下发了 5G 测量配置信息，但 UE 未上报测量结果，则可能的原因有以下几种：

(1) 小区状态不正常。检查 5G 小区状态及 AAU 通道功率是否正常。

(2) 5G 小区的频点与 eNodeB 侧配置的频点不一致。

(3) B1 事件的配置不合理。检查测量配置中 B1 事件的门限值是否设置过高，可以尝试降低该参数，使得终端更容易上报。

在 5G 网络的接入准备阶段，由 eNodeB 发起相应的资源请求，通知 gNodeB 给用户准备资源。UE 上报了 NR 的测量报告，但 eNodeB 没有发起 "SgNB Addition Request" (SgNB 添加请求)消息，排查方法如下：

① 检查 UE 上报的 5G 小区是否在 eNodeB 侧漏配或者错配了邻区，如有此情况，则更新邻区关系配置即可。

② 检查 eNodeB 和 gNodeB 的 X2 链路是否正常，如果链路未建立，则排查配置和传输侧的问题。

eNodeB 发送"SgNB Addition Reqeust"消息，gNodeB 回复"SgNB Addition Reject"(SgNB 添加拒绝)消息。针对此问题，可优先从以下几个方面进行排查：

① 检查 gNodeB NSA 功能的基本配置是否正常。

② 检查 gNodeB 小区状态是否正常，如果存在告警情况，则应该最先将其处理掉。

③ 检查 UE 携带的 MRDC(Multi-RAT Dual Connectivity，多无线电双连接)频段的组合能力是否和实际网络配置的一致。

④ 检查"SgNB Addition Reject"消息中携带的原因值，根据原因值去定位可能存在的问题。

一般常见的原因值有"Transport Resource Not Available"(传输资源不足)和"No Radio Resource Available"(没有无线资源)两类。第一类原因需要重点排查 gNodeB 到核心网的用户面传输是否畅通，第二类原因需要重点排查 gNodeB 的无线资源是否充足，包括硬件资源和 License(授权)资源等。

若图 6-8 所示的 LTE 侧流程与接入准备阶段都能顺利进行，且在 5G 空口阶段 UE 没有发出随机接入前导，则出现该类问题的概率比较小，可能的原因是基站下发的 5G 侧参数和终端的设置不兼容。在实际测试过程中，目前已发现存在以下三个问题：

① gNodeB 侧的 PDCP SN 长度和 eNodeB 侧的 SN 长度配置不一致。

② SRS 信道参数配置异常。

③ 终端芯片问题。

若 UE 发出随机接入前导，但 gNodeB 接收不到，可能的原因有以下几个：

① PRACH 参数的规划存在问题，导致 gNodeB 前导接收失败，因此需要核查规划参数是否正确。

② gNodeB 上行存在 RF 问题，包括弱覆盖、上行干扰等，需要进行 RF 问题的相关排查。

③ TAoffse(时间提前量偏置)参数配置错误，根据实际情况对该参数进行排查。

④ PRACH 信道的上行功率控制参数不合理，导致发送功率过低。

若 gNodeB 接收到了随机接入前导信号，但随机接入依然是失败的，这可能是由于 T304 定时器超时导致的。该问题产生的主要原因是 gNodeB 侧的 RF 问题，因此需要进行 RF 问题的排查。

如果 UE 在 5G 侧接入失败，通常情况下，UE 都会给 eNodeB 上报"SCG Failure Info-NR (NR 侧 SCG 配置失败信息)"消息。在"SCG Failure Info-NR"消息中，具有与接入失败相关的原因值，通过该原因值，可以快速确定失败的原因。

综上所述，可以看出针对 NSA 网络的接入问题，主要使用的数据源是用户信令日志，通过对异常信令中的关键信源进行深入分析，就可以找到问题的根源。因此，在对接入问题进行处理时，需要在网络中部署相应的信令采集功能，记录所有用户的信令日志。

2. 接入优化案例

【案例描述】某组网是 NSA 网络，在路测过程中出现一次 SgNB 添加失败的异常事件，路测过程采集的空口事件消息如图 6-11 所示。

16:34:46.458	MS1	LTEHandoverAttempt	TargetPCI:435;TargetEARFCN:1400;t304
16:34:46.458	MS1	LTEIntraFreqHOAttempt	TargetPCI:435;TargetEARFCN:1400;t304
16:34:46.458	MS1	LTEIntra-eNodeBHOAttempt	TargetPCI:435;TargetEARFCN:1400;t304
16:34:46.469	MS1	LTEHandoverSuc	
16:34:46.469	MS1	LTEIntraFreqHOSuc	
16:34:46.469	MS1	LTEIntra-eNodeBHOSuc	
16:34:46.515	MS1	LTEEventB1MeasConfig	
16:34:46.641	MS1	LTEEventB1	eutra-RSRP:-140;NR-PCI:435,436,152;N..
16:34:47.734	MS1	NRSCellAddAttempt	PCI:152;NR-ARFCN:636654
16:34:47.734	MS1	NREventA3MeasConfig	
16:34:47.734	MS1	NREventA2MeasConfig	
16:34:47.737	MS1	NRSCellAddSuccess	
16:34:47.793	MS1	NRSCGFailureInformation	FailureType:scg-reconfigfailure
16:34:47.823	MS1	NRSCellAbnormalRelease	
16:34:47.823	MS1	NRERABAbnormalRel	SCellAbnormalRelease

16:34:47.735	181790376	MS1	rlc om ent reest cmp
16:34:47.735	181790404	MS1	rlc om ent cfg cmp
16:34:47.736	181791191	MS1	nr scg config begin
16:34:47.741	181795741	MS1	rb setup end
16:34:47.752	1479173931	MS1	nr cell search fail
16:34:47.752	1479173993	MS1	nr scg add fail

图 6-11　空口事件消息

【分析过程】通过查看异常事件的相关信令和事件，发现该次事件是在 LTE 发生切换后出现的 SgNB 添加失败，通过对信令及事件的分析，可以发现本次异常事件是 NR 小区搜索失败，说明在接入过程中 NR 小区信号质量太差，导致 UE 小区搜索失败。并且从该异常事件中可以看出，本次 UE 接入的 NR 小区的 PCI 为 152。

为了确认当前小区的信号质量情况，应继续检查 UE 上报的 B1 报告，在 B1 报告中，可以发现 UE 上报了多个 5G 小区，而 PCI 为 152 的小区并非是最强的，其强度只排在第三位。虽然该小区的功率场强尚可，但由于还有两个更强的小区，可能是因为小区的 SINR 较低最终导致 UE 搜索失败。

通过对事件和消息进行分析，发现导致本次问题产生的主要原因是在 5G 添加过程中 eNodeB 没有选择最强的 NR 小区，这可能是由于前两个最强小区和 4G 小区没有配置邻区关系造成的，从而导致无法选择最强小区。

【解决方法】将 PCI 为 435 与 PCI 为 436 的两个最强小区添加至 4G 小区的邻区关系中，最终问题得到解决。

6.4.3　切换案例分析

移动通信的最大特点在于终端 UE 的移动性，对于 UE 在不同小区间的移动，网络侧需要实时监测 UE 并控制在适当时候通知 UE 执行切换，以保持其业务连续性。在切换的过程中，UE 与网络侧相互配合完成切换信令交互，尽快恢复业务。

在 5G 系统中，UE 切换通常采用硬切换的方式进行，业务在切换过程中是处于中断状态的，为了不影响用户业务，切换过程需要保证切换成功率、切换中断时延和切换吞吐率三个重要指标符合要求。其中，最重要的是切换成功率，如果切换失败，将会严重影响用户体验；切换中断时延和切换吞吐率也会不同程度地影响用户体验。

针对 SA 组网，5G 的切换就是在两个 5G 小区之间进行的移动性管理，相对比较简单。在 NSA 组网场景下，由于 5G 小区覆盖可能比 4G 要差，因此当 UE 在不同小区之间进行移动时，可能会触发以下两种流程：

(1) UE 在移动过程中 4G 小区发生切换。其流程就是 4G 的切换流程，在 4G 的切换命令中，会直接携带目标 4G 和 5G 的小区，也就是说在 4G 的切换过程中，5G 的切换流程也跟着完成了，并没有专门的 5G 切换流程。因此，如果 4G 的切换流程出现问题，则 5G 的连接性也会出现问题，因此，在优化 5G 的切换问题之前，首先要保证 4G 的切换性能正常。

(2) UE 在移动过程中发生 5G 小区变更流程。小区变更是 NSA 组网模式下 5G 特有的一种切换流程，小区变更是指 UE 所在的 4G 小区没有发生变化，只是 5G 小区从一个小区切换到了另一个小区，即 NSA 组网模式下的 5G 小区切换。

一般情况下，由于 5G 的小区覆盖要比 4G 弱，所以当 UE 在小区之间移动时，一般会先触发 5G 小区变更流程，再触发 4G 小区切换流程。针对 4G 的切换问题，可以参考 4G 的优化内容。

本节重点讨论 NSA 组网模式下的小区变更流程问题。小区变更流程根据信令的差异分为基站内小区变更和基站间小区变更两种，其主要的差异是 eNodeB 和 gNodeB 之间的消息名称不同，除此之外，其他的关键过程基本一致。

在分析 5G 移动性相关问题时，一般有商用前和商用后两类场景，这两类场景的处理方式不同，分析方法主要包括基于信令的分析和基于 KPI 的分析。

1. 基于信令的分析

在网络商用之前，现网中的用户很少，相应的统计指标也很少，因此 KPI 统计指标的实际意义不大，此时可以采集路测数据，通过信令分析判断是否有 5G 小区变更失败的相关问题，然后基于信令的维度对问题进行处理，主要基于以下四类消息进行分析。

(1) 5G NR 测量配置消息。一般在 UE 接入并添加 NR 辅小区后，或者 NR 辅小区切换后会下发测量控制。NR 的测量控制信源结构与 LTE 的类似，分为测量对象、上报配置以及测量 ID 配置。NR 测量控制通过 LTE 空口的重配置消息带给 UE，基本机制与 LTE 的相同。

通过系统消息可以获取到当前服务小区的 A3 事件参数的相关配置，如图 6-12 所示。如果出现该消息的缺失，一般是功能参数配置错误导致的，可以重点核查相应功能参数，但在通常情况下此类问题很少出现。

```
▼ eventA3
  ▼ a3-Offset

    rsrp:0x2 (2)
   reportOnLeave:FALSE
   hysteresis:0x2 (2)

   timeToTrigger:ms320 (8)
   useWhiteCellList:FALSE
 rsType:ssb (0)
 reportInterval:ms240 (1)
 reportAmount:infinity (7)
```

图 6-12 A3 参数配置示意图

(2) 测量报告消息。UE 上报给基站的测量报告消息包含 5G 目标小区和 5G 服务小区的测量结果，如图 6-13 所示。通过此消息可以判断出 5G 小区变更可能的目标小区。如果在移动过程中 UE 一直不上报测量报告，则需要重点检查 A3 事件的相关参数，判断是否存在由于参数配置问题导致测量报告上报困难的问题，如果存在该问题，则通过修改相应的参数即可解决问题。

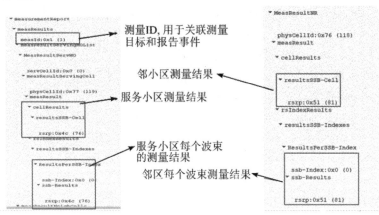

图 6-13　测量报告消息示意图

(3) 切换命令。基站侧经判断发现满足切换条件后就会下发切换命令，并将该切换命令通过 LTE 空口发送给 UE，信令沿用 LTE 中的 RRC 重配置消息的分析方法对切换命令进行分析。如果在路测信令中未包含该消息，则应重点检查邻区配置是否正常。

(4) 切换完成命令。当 UE 完成 5G 随机接入后，会通过 RRC 重配置完成消息通知基站。

现网绝大部分切换问题的场景都是终端能够收到切换命令，但未发出切换完成消息。如果出现该问题，就需要查看目标小区的 RF 性能质量如何，先确认是否由于目标小区的 RF 性能不达标导致的问题。

如果确认 RF 性能已达标，再进一步分析本次切换失败的场景。切换失败的场景一般可以分为以下两类：

① 切换过早。切换过早是指 UE 上报的测量报告过早，此时目标小区的信号质量还不能满足要求，导致 UE 切换时在目标小区切入失败。

② 切换过晚。切换过晚是指 UE 上报测量报告太晚，由于源小区服务信号比较差导致未收到切换命令，因此 UE 在源小区就发生了链路故障导致切换流程失败。

判断出切换过早或切换过晚后，可以通过调整 A3 事件的 Ocn 参数来调整切换的时机。

2. 基于 KPI 的分析

网络商用之后，现网中已经有了比较多的用户，此时一般采用基于 KPI 的统计去识别问题，然后进行相应的调整。

在网络商用之后，可以直接通过网络指标判断是否存在切换类问题。分析指标时可以同时查看源小区到所有邻区的切换指标以及每个邻区所对应的指标，以此判断是单邻区的问题还是所有邻区的问题。通过分析相关的网络指标只能确认是否存在问题，无法判断是切换过早还是切换过晚，因此，在确认存在切换类问题后，还需要通过现场测试来采集信令，查看是否能够复现问题，然后再根据信令进行分析，分析方法如上所述。

3. 切换问题案例

【案例描述】在路测过程中出现了一次 5G NR 侧的切换失败，路测过程采集的空口交互消息如图 6-14 所示。

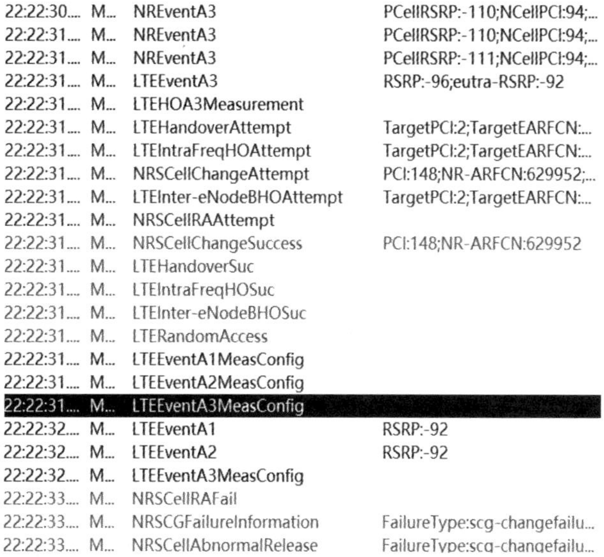

22:22:30....	M...	NREventA3	PCellRSRP:-110;NCellPCI:94;...
22:22:31....	M...	NREventA3	PCellRSRP:-110;NCellPCI:94;...
22:22:31....	M...	NREventA3	PCellRSRP:-111;NCellPCI:94;...
22:22:31....	M...	LTEEventA3	RSRP:-96;eutra-RSRP:-92
22:22:31....	M...	LTEHOA3Measurement	
22:22:31....	M...	LTEHandoverAttempt	TargetPCI:2;TargetEARFCN:...
22:22:31....	M...	LTEIntraFreqHOAttempt	TargetPCI:2;TargetEARFCN:...
22:22:31....	M...	NRSCellChangeAttempt	PCI:148;NR-ARFCN:629952;...
22:22:31....	M...	LTEInter-eNodeBHOAttempt	TargetPCI:2;TargetEARFCN:...
22:22:31....	M...	NRSCellRAAttempt	
22:22:31....	M...	NRSCellChangeSuccess	PCI:148;NR-ARFCN:629952
22:22:31....	M...	LTEHandoverSuc	
22:22:31....	M...	LTEIntraFreqHOSuc	
22:22:31....	M...	LTEInter-eNodeBHOSuc	
22:22:31....	M...	LTERandomAccess	
22:22:31....	M...	LTEEventA1MeasConfig	
22:22:31....	M...	LTEEventA2MeasConfig	
22:22:31....	M...	LTEEventA3MeasConfig	
22:22:32....	M...	LTEEventA1	RSRP:-92
22:22:32....	M...	LTEEventA2	RSRP:-92
22:22:32....	M...	LTEEventA3MeasConfig	
22:22:33....	M...	NRSCellRAFail	
22:22:33....	M...	NRSCGFailureInformation	FailureType:scg-changefailu...
22:22:33....	M...	NRSCellAbnormalRelease	FailureType:scg-changefailu...

图 6-14　空口交互消息示意图

【分析过程】首先，通过事件列表可以看到本次失败的过程。UE 上报了 NR 侧的 A3 测量报告，但是一直没有触发 NR 的小区变更。然后，UE 上报了 LTE 的 A3，触发了 LTE 侧的切换，在 LTE 切换后，5G NR 侧需要重新进行随机接入，但在此过程中发生了接入失败。

从信令过程来看，这属于 NR 侧的接入失败，但问题的本质是由于 NR 侧一直没有触发小区变更流程，最终导致当前 NR 小区质量太差从而引起了接入失败。

【解决过程】查看 NR A3 事件中上报的小区及当前 NR 小区的邻区配置，发现存在邻区漏配问题，补充邻区关系配置后问题得到了解决。

习　　题

思考题

1. 5G 无线网络优化有哪些优化工具？

2. 在 5G 无线网络覆盖问题中，覆盖的评估指标有哪些？

3. 在 5G 无线网络中造成重叠覆盖的常见原因有哪些？

4. 在 5G 无线网络优化中弱重叠覆盖的优化方法有哪些？

5. 在 5G 无线网络的切换优化中，常用的分析方式有哪些？分别适用于哪些场景？

6. 简述 5G 无线网络接入问题的排查思路。

7. 在讯方 5G 仿真软件中网络拓扑规划包含哪几个步骤？

附录 本书缩略语中英文对照

3GPP	3rd Generation Partnership Project	第三代合作伙伴计划
5G	5th Generation Mobile Communication Technology	第 5 代移动通信技术
5GC	5G Core	5G 核心网
5G-GUTI	5G Globally Unique Temporary Identifier	5G 全局唯一临时标识符
AAU	Active Antenna Unit	有源天线单元
ADC	Analog to Digital Converter	模数转换器
AF	Application Function	应用功能
AI	Artificial Intelligence	人工智能
AWGN	Additive White Gaussian Noise	加性高斯白噪声
AM	Acknowledged Mode	确认模式
AMF	Access and Mobility Management Function	接入和移动性管理功能实体
ARQ	Automatic Repeatre Quest	自动重传请求
ASG	Aggregation Site Gateway	汇聚侧网关
AUSF	Authentication Server Function	鉴权服务器功能
AGV	Automatic Guided Vehicle	自动导引小车
AOA	Angle Of Arrival	达到角
APN	Access Point Name	接入点名称
APP	Application	应用程序
AVI	Automatic Vehicle Identification	自动车辆识别
BBU	Baseband Unit	基带单元
BCCH	Broadcast Control Channel	广播控制信道
BCH	Broadcast Channel	广播信道
BLER	Block Error Ratio	误块率
BF	Beamforming	波束赋形
BPSK	Binary Phase Shift Keying	二进制相移键控
CA	Carrier Aggregation	载波聚合
CAD	Computer Aided Design	计算机辅助设计
CB	Code Block	码块
CCCH	Common Control Channel	公共控制信道
CCE	Control Channel Element	控制信道单元

CDMA	Code Division Multiple Access	频分多址
CDN	Content Delivery Network	内容分发网络
CIO	CellIndividual Offset	小区偏置
CloudRAN	Cloud Radio Access Network	云化无线接入网
CoMP	Coordinated Multiple Points	协作多点
CORE-PER	CORE Provider Edge Router	运营商边界路由器
CORESET	Control Resource SET	控制资源集
CPE	Customer Premise Equipment	客户前置设备
CP-OFDM	Cyclic Prefix Orthogonal Frequency Division Multiplexing	基于循环前缀的正交频分复用
CPRI	Common Public Radio Interface	通用公共无线电接口
CQI	Channel Quality Information	信道质量信息
CQT	Call Quality Test	呼叫质量测试
CRAN	Centralized Radio Access Network	集中式无线接入网
CSG	Cell Site Gateway	基站侧网关
CSI	Channel State Information	信道状态信息
CSI-RS	Channel-State Information Reference Signal	信道状态指示参考信号
CSMF	Communication Service Management Function	通信服务管理功能
CTD	Charge Transfer Device	电荷转移器件
CU-DU	Centralized Unit-Distributed Unit	集中单元-分布单元
C-V2X	Cellular V2X	蜂窝车联网
D2D	Device to Device	设备到设备
DBS	Distributed Base Station	分布式基站
DC	Dual Connectivity	双连接
DCCH	Dedicated Control Channel	专用控制信道
DFT-s-OFDM	DFT Spread OFDM	离散傅里叶变换扩展正交频分复用
DDoS	Distributed Denial of Service	分布式拒绝服务
DL	Downlink	下行链路
DL-SCH	Downlink Shared Channel	下行共享信道
DMRS	Demodulation Reference Signal	解调参考信号
DN	Data Network	数据网络
DNS	Domain Name System	域名系统
DRAN	Distributed Radio Access Network	分布式无线接入网
DRB	Data Radio Bear	数据无线承载
DoS	Denial of Service	拒绝服务
DSRC	dedicated short range communication	专用短程通信
DT	Drive Test	路测
DTCH	Dedicated Traffic Channel	专用传输信道
eCPRI	enhanced Common Public Radio Interface	增强型通用公共无线电接口
E2E	End to End	端到端

eMBB	Enhance Mobile Broadband	增强型移动宽带
EIRP	Effective Isotropic Radiated Power	等效全向辐射功率
EMS	Element Management System	网元管理系统
eNodeB	Evolved Node B	4G 基站
E-RAB	Evolved Radio Access Bearer	演进的无线接入承载
ETC	Electronic Toll Collection	电子不停车收费
E-UTRAN	Evolved UMTS Terrestrial Radio Access Network	演进的 UMTS 陆地无线接入网
FDD	Frequency Division Duplex	频分双工
FDMA	Frequency Division Multiple Access	频分多址
FEC	Forward Error Correction	前向纠错
FlexE	Flexible Ethernet	灵活以太网
F-OFDM	Filtered-Orthogonal Frequency Division Multiplexing	自适应正交频分复用技术
FQDN	Fully Qualified Domain Name	全限定域名
GE	Gigabit Ethernet	千兆以太网
GNSS	Global Navigation Satellite System	全球导航卫星系统
GPRS	General Packet Radio Service	通用分组无线服务
GTPU	GPRS Tunnelling Protocol for the User-plane	用户面的 GPRS 隧道协议
gNodeB	the next Generation Node B	5G 基站
HARQ	Hybrid Automatic Repeat reQuest	混合自动重传请求
HFN	Hyperframe Number	超帧号
HTTPS	Hyper Text Transfer Protocol over Secure Socket Layer	超文本传输安全协议
ICT	Information Communications Technology	信息通信技术
ID	Identity	身份标识号
IMSI	International Mobile Subscriber Identity	国际移动用户标识
IP	Internet Protocol	网络之间互联的协议
IPSec	Internet Protocol Security	因特网安全协议
IPv4	Internet Protocol version 4	第 4 版 IP 协议
IPv6	Internet Protocol Version 6	第 6 版 IP 协议
ITS	Intelligent Transport System	智能交通系统
ITU	International Telecommunication Union	国际电信联盟
ITU-R	ITU-Radiocommunication sector	国际电信联盟无线通信部门
KPI	Key Performance Indicator	关键性能指标
LDPC	Low Density Parity Check Codes	低密度奇偶校验码
LI	Layer Indication	层指示
LOS	Line of Sight	视距
LPWAN	Low-Power Wide-Area Network	低功率广域网络
M2M	Machine to Machine	机器到机器
MAC	Medium Access Control	媒体接入控制
MANO	Management and Orchestration	管理和编排

MCC	Mobile Country Code	移动国家代码
MCE	Mobile Cloud Engine	移动云引擎
MCS	Modulation and Coding Scheme	调制编码方案
MEC	Multi-access Edge Computing	多接入边缘计算
MeNB	Master eNodeB	主 4G 基站
MEP	Mobile Edge Platform	移动边缘平台
MEPM	Mobile Edge Platform Manager	移动边缘平台管理器
MgNB	Master gNodeB	主 5G 基站
MIB	Master Information Block	主信息块
MISO	Multiple Input Single Output	多输入单输出
mMTC	Massive Machine Type of Communication	海量机器类通信
MNC	Mobile Network Code	移动网络代码
MRDC	Multi-RAT Dual Connectivity	多无线电双连接
MU-BF	Multi-User Beamforming	多用户波束赋形
MU-MIMO	Multi-User Multiple-Input Multiple-Output	多用户多输入多输出
MUSA	Multi-user Shared Access	多用户共享接入多址技术
NAI	Network Access Identifier	网络接入标识符
NB-IoT	Narrow Band Internet of Things	窄带物联网
NEF	Network Exposure Function	网络开放功能
NF	Network Function	网络功能
NFV	Network Function Virtualization	网络功能虚拟化
NFVI	NFV Infrastructure	网络功能虚拟化基础设施
NIST	National Institute of Standards and Technology	美国国家标准与技术研究院
NLOS	Non Line of Sight	非视距
NOMA	Non-orthogonal Multiple Access	非正交多址接入
NRF	Network Repository Function	网络存储库功能
NSA	Non-Standalone	非独立组网
NSMF	Network Slice Management Function	切片管理功能
NSSF	Network Slice Selection Function	网络切片选择功能
NSSMF	Network Slice Subnet Management Function	子切片管理功能
O2I	Outside to Inside	室外到室内
O2O	Outside to Outside	室外到室外
OBU	On Board Unit	车载单元
ODF	Optical Distribution Frame	光纤配线架
OFDMA	Orthogonal Frequency Division Multiple Access	正交频分多址
OMA	Orthogonal Multiple Access	正交多址接入
OPEX	Operating Expense	运营支出
OTN	Optical Transport Network	光传送网
OXC	Optical Cross-Connect	光交叉连接

PAPR	Peak to Average Power Ratio	峰值平均功率比
PBCH	Physical Broadcast Channel	物理广播信道
PCCH	Paging Control Channel	寻呼控制信道
PCF	Policy Control Function	策略控制功能
PCFICH	Physical control format indicator channel	物理控制格式指示信道
PCG	Project Coordination Group	项目协调组
PCH	Paging Channel	寻呼信道
PCI	Physical Cell Identity	物理小区 ID
PDCCH	Physical Downlink Control Channel	物理下行控制信道
PDCP	Packet Data Convergence Protocol	分组数据汇聚协议
PDMA	Pattern Division Multiple Access	图样分割多址技术
PD-NOMA	Power-domain Nonorthogonal Multiple Access	基于功率域的非正交多址技术
PDSCH	Physical Downlink Shared Channel	物理下行共享信道
PDU	Protocol Data Unit	协议数据单元
PDN	Public Data Network	公用数据网
P-GW	PDN GateWay	PDN 网关
PHICH	Physical Hybrid ARQ Indicator Channel	物理混合自动重传指示信道
PI	Pre-emption Indicator	抢占指示
PLMN	Public Land Mobile Network	公共陆地移动网
PMI	Precoding Matrix Indication	预编码矩阵指示
PRACH	Physical Random Access Channel	物理随机接入信道
ProSe	Proximity-Based Service	临近业务
PSBCH	Physical Sidelink Broadcast Channel	物理侧链路广播信道
PSCCH	Physical Sidelink Control Channel	物理侧链路控制信道
PSCell	Primary Secondary Cell	主辅小区
PSS	Primary Synchronization Signal	主同步信号
PSFCH	Physical Sidelink Feedback Channel	物理侧链路反馈信道
PSSCH	Physical Sidelink Shared Channel	物理侧链路共享信道
PTN	Packet Transport Network	分组传送网
PTRS	Phase Tracking Reference Signal	相位跟踪参考信号
PT-RS	Phase-tracking reference signals	相位跟踪参考信号
PUCCH	Physical Uplink Control Channel	物理上行控制信道
PUSCH	Physical Uplink Shared Channel	物理上行共享信道
QAM	Quadrature Amplitude Modulation	正交振幅调制
QFI	QoS Flow ID	QoS 流标识
QoS	Quality of Service	服务质量
QPSK	Quadrature Phase Shift Keying	正交相移键控
RB	Resource Block	资源块
RB	Radio Bear	无线承载

RF	Radio Frequency	射频
REG	RE Group	资源单元组
RFID	Radio Frequency Identification	无线射频识别
RG	Resource Grid	资源组
RAN	Radio Access Network	无线接入网
RAN-NRT	RAN-Non Real Time	RAN 的非实时
RAN-RT	RAN-Real Time	RAN 的实时
RI	Rank Indication	秩指示
RLC	Radio Link Control	逻辑链路控制
RMSI	Remaining Minimum System Information	剩余最小系统信息
RNTI	Radio Network Temporary Indentifie	无线网临时标识
RRC	Radio Resource Control	无线资源控制
RS	Reference Signal	参考信号
RSG	Radio Service Site Gateway	无线业务侧网关
RSRP	Reference Signal Receiving Power	参考信号接收功率
RSU	Road Side Unit	路侧单元
RTT	Round Trip Time	环回时间
SA	Standalone	独立组网
SBA	Service Based Architecture	基于服务的架构
SCMA	Sparse Code Multiple Access	稀疏码分多址接入
SC-OFDM	Single Carrier-Orthogonal Frequency Division Multiplexing	单载波频分复用
SC-PTM	Single-Cell point-to-multipoint transmission	单小区多播
SCG	Secondary Cell Group	辅小区组
SCS	Sub-carrier Space	子载波间隔
SDAP	Service Data Adaptation Protocol	服务数据适配协议
SDN	Software Defined Network	软件定义网络
SDU	Service data unit	服务数据单元
SeNB	Secondary eNodeB	辅 4G 基站
SgNB	Secondary gNodeB	辅 5G 基站
SFN	Single Frequency Network	单频网
SFI	Slot Format Indicator	时隙格式指示
S-GW	Serving GateWay	服务网关
SIB	System Information Block	系统消息块
SIC	Successive Interference Cancellation	干扰消除技术
SINR	Signal to Interference plus Noise Ratio	信号与干扰加噪声比
SISO	Single Input Single Output	单输入单输出
SIMO	Single Input Multiple Output	单输入多输出
SLA	Service Level Agreement	服务等级协议

SMF	Session Management Function	会话管理功能
SN	Sequence Number	序列号
SOC	Service Oriented Core	面向服务的核心网
SON	Self-Organized Networks	自组织网络
SPS	Semi-Persistent Scheduling	半静态调度
SPID	Subscriber Profile ID	用户识别标识
SR	Segment Routing	分段路由
SR	Scheduling Request	调度请求
SRB	Signal Radio Bear	信令无线承载
SRS	Sounding Reference Signal	探测参考信号
SS	Synchronization Signal	同步信号
SS7	Signaling System No. 7	七号信令系统
SSL	Secure Sockets Layer	安全套接层
SSS	Secondary Synchronization Signal	辅同步信号
SUCI	Subscription Concealed Identifier	用户隐藏标识符
SUL	Supplementary Uplink	补充的上行链路
SUPI	Subscription Permanent Identifier	用户永久标识
SU-MIMO	Single User-Multiple Input Multiple Output	单用户多输入多输出
TA	Tracking Area	跟踪区
TA	Timing Advance	时间提前量
TCP	Transmission Control Protocol	传输控制协议
TC-RNTI	Temporary Cell RNTI	临时小区 RNTI
TDD	Time Division Duplex	时分双工
TDMA	Time Division Multiple Access	时分多址
TD-LTE	Time Division Long Term Evolution	分时长期演进
TEID	unnel Endpoint identifier	隧道端点标识
TIREM	Terrain Integrated Rough Earth Model	整合地形的粗地球模型
TF	Transport Format	传输格式
TM	Transparent Mode	透明模式
TRP	Transmission and Receiving Point	传输点
TSG	Technical Specification Group	技术规范组
TTI	Transport Time Interval	传输时间间隔
U2N	UE to Network	终端到网络
UCI	Uplink Control Information	上行控制信息
UCNC	User Centric No Cell Radio Access	用户为中心的无蜂窝无线接入
UDM	Unified Data Management	统一数据管理功能
UDP	User Plane Function	用户面功能
UDR	Unified Data Repository	统一数据存储功能
UDSF	Unstructured Data Storage Function	非结构化数据存储功能

UL	Uplink	上行链路
UL-SCH	Uplink Shared Channel	上行共享信道
UM	Unacknowledged Mode	非确认模式
UMTS	Universal Mobile Telecommunications System	通用移动通信系统
UPF	User Port Function	用户端口功能实体
uRLLC	Ultra Reliable Low Latency Communication	超可靠、低时延通信
V2I	Vehicle To Infrastructur	车与基础设施
V2N	Vehicle To Network	车与网络
V2P	Vehicle To Pedestrian	车与人
V2V	Vehicle to Vehicle	车与车
V2X	Cellular V2X	蜂窝车联网
VMs	Virtual Machines	虚拟主机
VNF	Virtualised Network Function	虚拟化的网络功能
VPN	Virtual Private Network	虚拟专用网络
WDM	Wavelength Division Multiplexing	波分复用
xDSL	x Digital Subscriber Line	数字用户线路

参 考 文 献

[1] 肖清华，汪丁鼎，许光斌，等. TD-LTE 网络规划设计与优化. 北京：人民邮电出版社，2013.

[2] 李正茂，王晓云，张同须. 5G+如何改变社会. 北京：中信出版集团，2020.

[3] 项立刚. 5G 时代. 北京：中国人民大学出版社，2019.

[4] 郑毅，王锐. 高频信道特性及对 5G 系统设计的影响. 2015 LTE 网络创新研讨会论文集，2015.

[5] 张功国，李彬，赵静娟. 现代 5G 移动通信技术. 北京：北京理工大学出版社，2019.

[6] 陈鹏. 5G：关键技术与系统演进. 北京：机械工业出版社，2016.

[7] 张守国，王建斌，李曙海，等. 4G 无线网络原理及优化. 北京：清华大学出版社，2017

[8] 刘艳军. 5G 无线网络规划与城市规探划结合的策略[J]. 数字通信世界，2019：151-152.

[9] 周轩亦. 试论 5G 无线网络规划对分布式基站的应用[J]. 中国宽带，2020：100.

[10] 王磊. 5G 无线网络规划设计研究[J]. 数字通信世界，2021：2(120-121).

[11] 李洋，张传福，何庆瑜. 5G 无线网络规划与设计探讨[J]. 电信技术，2019：17-20.

[12] 祁放. 5G 无线网络技术特点与网络规划[J]. 科技创新导报，2018：134-135.